数学文化丛书

TANGJIHEDE
+
XIXIFUSI
PAODINGJIENIU JI

唐吉诃德+西西弗斯

庖丁解牛集

刘培杰数学工作室◎编

哈爾濱工業大學出版社
HARBIN INSTITUTE OF TECHNOLOGY PRESS

内容提要

本丛书为您介绍了数百种数学图书的内容简介，并奉上名家及编辑为每本图书所作的序跋等．本丛书旨在为读者开阔视野，在万千数学图书中精准找到所求著作，其中不乏精品书、畅销书．本书为其中的庖丁解牛集．

本丛书适合数学爱好者参考阅读．

图书在版编目（CIP）数据

唐吉诃德+西西弗斯．庖丁解牛集/刘培杰数学工作室编．—哈尔滨：哈尔滨工业大学出版社，2018．8

（百部数学著作序跋集）

ISBN 978-7-5603-5785-0

Ⅰ．①唐…　Ⅱ．①刘…　Ⅲ．①数学-著作-序跋-汇编-世界　Ⅳ．①O1

中国版本图书馆 CIP 数据核字（2018）第 104532 号

策划编辑　刘培杰　张永芹
责任编辑　王勇钢
封面设计　孙茵艾
出版发行　哈尔滨工业大学出版社
社　　址　哈尔滨市南岗区复华四道街 10 号　邮编 150006
传　　真　0451-86414749
网　　址　http://hitpress.hit.edu.cn
印　　刷　牡丹江邮电印务有限公司
开　　本　787mm×960mm　1/16　印张 13.75　字数 195 千字
版　　次　2018 年 8 月第 1 版　2018 年 8 月第 1 次印刷
书　　号　ISBN 978-7-5603-5785-0
定　　价　58.00 元

⊙ 目录

数学竞赛经典系列

初高中数学精品系列

数学竞赛经典系列

数学奥林匹克问题集

内格特　冯贝叶

内容提要

本书包含了一系列经典领域中(代数、几何、组合)安德烈最喜爱的数学问题,其中有许多是作者原创的,还包括了有些简直是奇妙的解答.由于涉及各种层次的竞赛题,因此书中题目难度波动较大,有相对简单的问题,也有相当令人费解的难题,读者不妨依个人情况自选章节择题解读.

本书适合准备参加数学竞赛的学生以及数学爱好者研读.

序　言

这是一本由一个初次涉及此领域的年轻有为的数学家编写的初等数学方面的书籍.作者安德烈·内格特曾在高中及国际数学竞赛中获奖,现在已在美国普林斯顿大学学习数年.

收集和发表某些在紧张的工作和学习中所获得的他认为是最美丽的数学问题是他多年以来的一个梦想.

最后完成的这本精彩的书,包含了一系列经典领域中(代数、几何、组合)安德烈最喜爱的数学问题,其中有许多是作者原创的,还包括了有些简直是奇妙的解答.本书的文字流畅易懂,解答完整并且显示出作者对问题的深刻洞察力.

我向任何专业的或业余的对解题有兴趣和爱好的人士推荐此书.准备参加数学竞赛的学生也将会在本书中找到很好的

训练材料.

我相信,无论你何时阅读本书,你都会感到,这是你以数学作为自己的职业生涯的一个重要的开端.

拉杜·戈洛干(Radu Gologan)
布加勒斯特理工大学暨数学研究所
罗马尼亚数学奥林匹克教授协调员

前言

本书的内容是一些主要用于为参加国际数学奥林匹克这样的数学竞赛做准备的数学问题.因此这些问题都是国际数学奥林匹克级别的,并且只需要初等数学的知识.然而,由于国际数学奥林匹克也许是最难的初等数学考试,因此任何参加者都必须具有足够的有关知识和良好的解题技能,并且能敏锐地理解他所遇到的问题.本书并不准备教授IMO水平的初等数学,而是希望有助于培养那些准备参加者,并加深他们对这些概念的理解.

已有很多直接针对IMO参加者的问题集,但从我的眼光来看,本书在两方面和它们有别,首先是在选题方面,本书中的问题都是一些在我为参加高层次的数学竞赛而参加的四年制训练班中所遇到的最精彩的问题,多年来许多大师和指导教师一直在训练班中向我们提出这些问题.它们既不枯燥也不乏味,但需要某种洞察力和创造力,我认为这些是任何精彩的数学问题所必须具有的品质.此外,我试图避免在本书中加进一些众所周知的问题(例如历届IMO或其他重要竞赛中曾提出过的问题),对每个学生来说这些问题很可能在第一年的竞赛生涯中就已知道.相反,读者可能不太有机会知道这里所提出的问题,而任何良好的竞赛准备都是致力于提出较多的尽可能新的问题.本书中的任何一个问题都可以作为IMO的试题,我希望本书有助于这些问题面世.

我已把本书中的所有问题按照其困难程度分成了三个层次:E表示容易,M表示中等难度而D表示难题(读者可在问题解答的开头知道那个问题的层次).然而这只是一种相对的分类.

大致来说,E 问题相当于 IMO 中水平 1 难度的问题,M 问题则类似于 IMO 中人们认为是水平 2 难度的问题,而 D 问题可能相当于 IMO 中水平 3 难度的问题. 因此,如果一个新手在奥林匹克世界中解 E 问题遇到麻烦时,他不必感到沮丧,因为很难给他一个绝对的分数. 这些问题远远超出了正规学校作业的水平.

关于本书有别于其他问题集的另一方面是书中的解答. IMO 的任何一个优秀的参加者在处理初等问题时并不需要知道那么多的理论技巧. 对一个参加 IMO 的学生来说学习多变量微积分和拉格朗日乘数法远没有知道如何运用几何反演(也更难)有用. 那就是为什么我始终强调解答中所用到的方法、引理和性质. 为了说明这些方法的教育价值,我常常不得不牺牲证明的简洁性. 我在附录中也提出了一些始终贯穿本书的概念. 那样我就可以用我自己的观点来叙述解答. 一个有潜力的 IMO 参加者需要两种品质:一种是别出心裁的独创性,另一种则是熟练掌握所有的数学"玩具"的技巧. 我不知道哪种品质更重要,我只能猜.

我衷心感谢那些创造了这些精彩问题的人,但是大多数解答是我自己的工作. 问题不属于我,因此我对问题的创造者深表不安. 由于这些问题主要来自我的笔记本和论文,我并不知道它们的确切出处. 我用 * * * 号代替它们的作者,这并不是尊重作者的一种合适的方式,对此我表示抱歉.

但是作为一个 IMO 的参加者,我已在参赛的准备训练中遇到了这些问题,它们已经成了我生活的一部分. 其中的每道题都与把它告诉我的那个人,与那些给我提供了精彩解答的朋友,与那些我所参加过的不管是否成功的竞赛有关. 我衷心感谢那些帮助过我,使我成为现在的我的所有人士. 尽管我无法叫出所有这些人的名字,但我知道,他们都是一些像拉杜 · 戈洛干(Radu Gologan),塞维利乌斯 · 莫尔多韦亚努(Severius Moldoveanu),多雷拉 · 法伊尼西(Dorela Fainisi),丹 · 许瓦兹(Dan Schwartz),克林 · 波佩斯库(Calin Popescu),米哈伊 · 伯卢纳(Mihai Baluna),波格丹 · 埃内斯库(Bogdan Enescu),迪努·塞尔巴内斯库(Dinu Serbanescu)和米尔恰·贝克亚努(Mircea Becheanu)那样的人,这些人教给了我数学中最美妙和最精致的艺术.我也不能忘记那些和我一起经历了奥林匹克竞赛甘苦的同学和朋友,但是他们可能已忘记了我.虽然我叫不出他们的姓名,但是他们知道他们是谁.我也不能忘记我的家人,他们时刻站在我身边,不管我在竞赛中表现如何,他们始终给予了我无价的精神支持.

我衷心感谢米尔恰·拉斯库(Mircea Lascu)和吉尔(Gil)出版社在本书出版的漫长过程中对我和本书的支持以及拉杜·戈洛干(Radu Gologan)教授所给予我的大量帮助和有益的建议.我也想对加布里埃尔·克莱恩德勒(Gabriel Kreindler),安德烈·斯特凡内斯库(Andrei Stefanescu),安德烈·温古雷亚努(Andrei Ungureanu)和阿德里安·扎哈留克(Adrian Zahariuc)对本书所提供的解答表示感谢.

我祝你无论在数学方面还是其他方面都是幸运的.

安德烈·内格特

翻译说明

不算厚的一本书,拖拉了半年左右,总算全部完工了.原因就在于这不只是单纯的翻译,如果像一架机器一样,完全照本宣科地进行文字转换工作,那翻译的速度就只依赖于机器的性能.拖拉的原因在于译者是一个对自己和对读者都要负责的人,这就使得译者要一再对译文进行注解、修改和润色,甚至对原文进行改写和加写.

一开始,译者仅是对怀疑有笔误或排印错误之处加注解,指出作者认为可能应是正确的内容,后来觉得如此注解,未免太烦,就干脆不加注解地将其改正,而仅对有实质性错误或难以理解的地方加以注解.最后发现,有些地方仅予以注解还不够,还需加以重新组织和改写、加写,最后这就形成了译者对本书的添加内容.

不可否认,本书包含了许多有特色的思想和有趣的材料.

但由于作者自己熟悉的内容和习惯的说法必然和读者有不尽相同的地方,因此,为了使读者易于理解,就需要对原文做一定的注解. 此外, 即使是很优秀的作者, 也难免有一些失误(如1 - 25,3 - 2,3 - 6,3 - 29,4 - 26),这就不仅需要指出,还需给出正确的解答. 此外,从研究问题的角度,有些问题(如1 - 6 原题除了要求证明公共面积至少是3.4 外,还有一问是能否断言该面积大于3.5),原书乃至国内其他同类资料都并未给出解答,译者也对此进行了补充,最后有些问题(如4 - 28 原来的不等式中的常数4 现在已改进为2) 原书的解答已显落后或目前已有新的进展,译者也尽自己的能力一一指出. 为此译者在书中做了约40 处注解,包括了大量的经过重新编写的引理和若干原书没有的新的插图. 这些注解和引理构成了理解本书的重要部分.

然而如此一来,译文中必然有些部分与原文不一致. 文学翻译中有所谓“信,雅,达” 的原则,然而译者坚信,凡是阅读问题集的读者最关心的问题是得知对一个问题如何解答,并从此获得心得和满足感. 因此译者在翻译、编辑问题集一类的书籍时所遵循的最终和一贯的原则始终是关注如何对书中的问题首先给出一个解答,然后在已有解答的基础上,再关注如何能使解答更加简明、易懂和合情合理(指尽可能使解答自然地逐步得出),尽量完美. 按照这一原则,译者对原文的处理办法就是如果原书的解答很精彩,那当然完全照译;如果原书的解答虽然本质上是正确的,但在叙述上有缺陷(例如想到哪、写到哪或逻辑上不清楚或不太显明或解答不完整),那么就对原文进行改写和重新组织(如2 - 6,3 - 6,3 - 14,3 - 24 等题),而如果原文的解答实在太过迂回或路子根本走歪了,则坚决抛开原文,另行在文献中寻找答案或由译者本人重新解答(如4 - 28,4 - 30),不过即使在这种情况下,译者仍首先将原文译出再重新给出解答.

当然这样做就会花费额外的精力,对标明了注解的部分,读者还能知道译者的工作,而对上述所说的重新组织、改写、加写的文字和插图,读者根本不会知道这是译者的额外工作,然而译者仍然认为这是值得的,因为译者的目的不是让读者详细知道哪些是原作者的,哪些是译者的工作,而在于求得译者内心的满意.译者认为只有这样做,译者自己才会感到这样得出来的东西多少还总算是有些价值的,也才拿得出手.译者希望读者会感到本书多少还有些作用.

当然,译者的译文也必然会有不合适乃至失误的地方,希望读者发现时及时告知译者,译者将感激不尽.

冯贝叶
2013 年 5 月

编辑手记

这是一本译自英文的,由罗马尼亚数学家撰写的,关于数学奥林匹克的试题集.

罗马尼亚有着悠久的数学竞赛传统,是继匈牙利之后,世界上第二个开展中学生数学竞赛的国家.东欧各国开展数学竞赛按时间排序是:1894 年匈牙利,1902 年罗马尼亚,1934 年苏联,1949 年保加利亚,1950 年波兰,1951 年捷克斯洛伐克……

今天的 IMO(International Mathematical Olympiad) 也始于罗马尼亚.罗马尼亚的罗曼(T. Roman) 教授对此非常热心,经过他积极而卓有成效的努力,在1956年于东欧国家正式确定了开展国际数学竞赛的计划.

第一届 IMO 于 1959 年 7 月在罗马尼亚古都布拉索夫(Brasov,位于现在的首都布加勒斯特西北约 200 千米) 举行.参加竞赛的选手才52 名,全部来自东欧6 国:罗马尼亚、保加利亚、匈牙利、波兰、捷克斯洛伐克及民主德国.每个国家 8 名选手;另外 4 名选手是苏联派去的.

第二届 IMO 的东道主还是罗马尼亚,我国直到第三十一届才成为东道主,而在罗马尼亚总共举办了 4 次 IMO:1959 年(第一届),1960 年(第二届),1969 年(第十一届),1999 年(第四十届).所以罗马尼亚可以说是开先河,而我国只能说是后来居上,并且罗马尼亚还是世界上仅有的 3 个一届 IMO 不落都参加的国家之一,另 2 个是保加利亚与捷克斯洛伐克,而波兰与匈牙利分别在第二届与第二十届缺席过一次. 所以说罗马尼亚在IMO 历史上是一个不容忽视的国家.

罗马尼亚同我们曾同属一个社会主义阵营. 罗马尼亚作家诺曼·马内阿(Norman Manea)因深受诺贝尔文学奖得主海因里希·伯尔推崇,而渐被国人所识. 当他被问道:"你如何来看待乌托邦?"他说:"通常而言,任何形式的乌托邦都会让人感到挫折,他们中的许多人都认为,每天这种无聊的生活很压抑,限制了他们的自由,是不能让人满意的. 这些喜欢梦想的人需要一些'其他的东西',去补足他们的生活,去梦想. 当这种需求保持在一个私人领域内时,当每个人都以他们自己的方式来解决这个问题时,我们就处在一个正常的国家形态之中,但当此成为一种集体意识形态时,特别是当其支配了一个政权时,我们不久就将迎来恐怖和暴政."(河西著《自由的思想——海外学人访谈录》三联书店2012年,北京,243,244页). 不过这种极权也成就了罗马尼亚的数学和数学竞赛,因为罗马尼亚的独裁者齐奥塞斯库的女儿就曾任国家数学研究所的所长,而极权国家的特点是当权者想让什么上去,什么就必须上去,数学亦不例外.

本书是由老数学工作者冯先生译的. 时值盛夏,酷热难耐,着实不易,而且翻译本身是一个费思量的活儿. 因为翻译时,选择恰当的词还是有难度的. 比如"Humour"一词,林语堂译为"幽默",李青崖译为"语妙",陈望道译为"油滑",易培基译为"优骂",唐桐候译为"谐稽". 后以林译流行于世. 本书中关于"数列"和"序列"也需选择一下.

罗马尼亚对中国现在的年轻人影响不大,对笔者这一代人影响颇大. 当年的电影《多瑙河之波》《宁死不屈》都历历在目. 甚至在写此手记之时笔者居然还想起了罗马尼亚的影片《奇普里安·波隆贝斯库》插曲的歌词:"'联合'写在我们的旗帜上,它把我们的心连在一起,在它的伟大精神鼓舞下,我们敢面对疾风暴雨,有谁对斗争感到畏惧,它就要彷徨犹豫,……我们热爱的罗马尼亚将永远辉煌壮丽."近的记不起,远的忘不掉. 有人说这是衰老的特征.

诗人北岛有一首题为《无题》的诗,诗中的最后四句是这样的：

生活是一次机会
仅仅一次
谁校对时间
谁就会突然老去

刘培杰
2013 年 8 月 11 日

历届美国大学生

数学竞赛试题集

(第1卷:1938～1949)

刘培杰数学工作室等

内容简介

本书共分两编:第一编试题,共包括1～10届美国大学生数学竞赛试题及解答;第二编背景介绍,主要包括了素数模式以及范德蒙特行列式.

本书适合数学奥林匹克竞赛选手和教练员、高等院校相关专业研究人员及数学爱好者使用.

前言

美国大学生数学竞赛又名普特南竞赛,全称是威廉·洛厄尔·普特南数学竞赛,是美国及整个北美地区大学低年级学生参加的一项高水平赛事.

威廉·洛厄尔·普特南(William Lowell Putnum)曾任哈佛大学校长(自1640年以来,哈佛大学只有28位校长,而美国建国比哈佛建校大约晚了将近140年,却已经有了44位总统),1933年退休,1935年逝世.他留下了一笔基金,两个儿子就与全家的挚友美国著名数学家 G. D. 伯克霍夫①商量,举办一个数学竞赛,伯克霍夫强调说:“再没有一个学科能比数学更易于通过考试来测定能力了.” 首届竞赛在 1938 年举行,以后除了 1943—1945 年因第二次世界大战停了两年,其余一般都在每年的 11、12 月份举行.

这个竞赛是美国数学会具体组织的,为了保证竞赛的质量,组委会特别组成了一个三人委员会主持其事务,三位委员是:波利亚②,著名数学家、数学教育家、数学解题方法论的开拓者,曾主办过延续多年的斯坦福大学数学竞赛(此项赛事中国有介绍,见科学出版社出版的由中国科学院陆柱家研究员翻译的《斯坦福大学数学天才测试》);拉多③,匈牙利数学竞赛的早期优胜者,对单复变函数、测度论有重大贡献,曾与道格拉斯同时独立地解决了极小曲面的普拉托(Plateau) 问题;卡普兰斯基④,著名的代数学家,第一届普特南竞赛的优胜者.

普特南竞赛的优胜者中日后成名者众多,其中有五人获得

---

① 伯克霍夫(George David Birkhoff,1884—1944),美国数学家,1884 年 3 月 21 日生于密歇根,祖籍是荷兰. 1912 年起任哈佛大学教授,后来一直生活在坎布里奇(即哈佛大学所在地). 他是美国国家科学院院士,1944 年 11 月 12 日逝世.

② 波利亚(George Pólya,1887—1985),美籍匈牙利数学家,1887 年 12 月 13 日出生于匈牙利的布达佩斯. 在中学时代,波利亚就显示了突出的数学才能. 他先后在布达佩斯、维也纳、哥廷根、巴黎等地学习数学、物理学、哲学等. 1912 年在布达佩斯的约特沃斯·洛伦得大学获哲学博士学位,1914 年在瑞士苏黎世的联邦理工学院任教,1928 年成为教授,1938 年任院长. 1940 年移居美国,在布朗大学任教,1942 年起在斯坦福大学任教. 1985 年 9 月 7 日在美国病逝,终年 98 岁.

③ 拉多(Tibor Radó,1895—1965),匈牙利数学家. 生于匈牙利的布达佩斯,卒于美国佛罗里达州的新士麦那比奇.

④ 卡普兰斯基(Irving Kaplanski,生于 1917 年),美国数学家,1917 年 3 月 22 日出生于加拿大多伦多,祖籍波兰,父母于第一次世界大战前移居加拿大,1938 年在多伦多大学获硕士学位,1941 年获哈佛大学博士学位,并留校任教,1975 年任美国数学会副主席,1985—1986 年任主席,1966 年被选为美国国家科学院院士.

了菲尔兹奖:米尔诺①、曼福德②、奎伦③、科恩④、汤普逊⑤. 诺贝尔物理学奖得主中参加过普特南竞赛并获奖的有:肯尼思·威尔逊(Kenneth G. Wilso),理查德·费恩曼(Richard Feynman),史蒂文·温伯格(Steven Weinberg),默里·盖尔曼(Murray Gell-Mann). 以奥斯卡获奖影片《美丽心灵》而被国人广为知晓的诺贝尔经济学奖得主约翰·纳什以极大的失望在1947年147位参赛者中名列前10名. 难怪有人说:伯克霍夫父子(儿子B. 伯克霍夫也是当代活跃的数学家)是普特南家族的密友,这一点是美国低年级大学数学事业的幸运.

这项赛事,题目多出自名家之手,难度很大,质量颇高,受全球数学界所瞩目,历年来仅有3位选手获得过满分(一个在1987年,两个在1988年,1987年的满分由David Moews得到),其中一位是台湾当年的留学生,后成长为哈佛大学统计学教授的吴大峻先生,可见华人数学能力之强.

---

① 米尔诺(John Milnor,生于1931年),美国著名数学家,1931年2月20日生于新泽西州奥伦治,他在中学时就是一位数学奇才,1951年毕业于普林斯顿大学,1954年获博士学位,并留校任教,60年代末成为普林斯顿高等研究院教授,他是美国国家科学院院士,美国数学会副会长.

② 曼福德(David Bryant Mumford,生于1937年),美籍英国数学家,1937年6月11日生于撒塞克斯郡. 16岁上哈佛大学,1961年获博士学位,1967年起任哈佛大学教授. 1974年获菲尔兹奖.

③ 奎伦(Daniel Quillen,生于1940年),美国数学家,1940年4月22日生于新泽西州奥林治,1969年起任麻省理工学院教授,他是美国国家科学院院士.

④ 科恩(Paul Joseph Cohen,生于1934年),美国数学家. 生于新泽西州,毕业于芝加哥大学,1954年获硕士学位,1958年获博士学位,1966年获菲尔兹奖.

⑤ 汤普逊(John Griggs Thompson,生于1932年),美国数学家,1955年获耶鲁大学学士学位,1959年获芝加哥大学博士学位,1970年获菲尔兹奖,1992年获沃尔夫奖,同年被法国科学院授予庞加莱金质奖章. 此奖章只在特殊情况下才颁发,到目前为止只有3人获此殊荣,前两人是J. 阿达玛(1962)和P. 德利涅(1974).

西风东渐,数学竞赛作为西方数学的一种形态也被引入中国,尽管我们有些数学史家喜欢将明代程大位之《算法统宗》中的一幅木刻插图《师生问难图》当作最早的数学竞赛在中国之证据(这幅图在世界上流传甚广,2008 年法兰克福图书博览会会场外的旧书摊上笔者见到了一本讲数学计数及进位制历史的德文版图书,此图赫然纸上),但那只是雏形. 但今天中国确实已经成为一个中小学数学竞赛大国. 从“华罗庚金杯”到“希望杯”,从初中联赛到高中联赛,从 CMO 到 IMO 层次众多,体系完备. 全国大学生数学竞赛也曾经搞过十届(见许以超,陆柱家等编的《全国大学生数学夏令营数学竞赛试题及解答》).

其实普特南竞赛可以看成是 IMO 的延伸,以第 42 届 IMO 美国队获奖者为例,其中 IMO 历史上唯一一位连续 4 年获得金牌且最后一年以满分获金牌的里德 · 巴顿在参加完 IMO 之后的秋天进入了麻省理工学院,那年 12 月(与 42 届 IMO 同年)他参加了普特南竞赛,在竞赛中,他获得前 5 名(前 5 名中个人的名次没有公开),而他所在的麻省理工学院代表队仅次于哈佛大学代表队,获得了第 2 名.

另外一位第42届IMO满分金牌得主(此次IMO共4名选手获满分,另两位是中国选手)加布里埃尔 · 卡罗尔也在同一年作为大一新生加入了哈佛大学普特南竞赛代表队,并且在竞赛中也获得了个人前 5 名.

这项赛事的成功是与哈佛大学的成功相伴的,普特南数学竞赛始于西点军校与美国哈佛大学的一场球赛,所以要真正了解此项赛事就必须对这两所名校有所认识,特别是哈佛大学.

17 世纪初的英国,宗教斗争十分激烈,清教徒处境艰难,他们陷入两难境地,既不愿抛弃自己的信仰,又不愿拿起武器同当时的国王宣战,最后只能选择背井离乡,远涉重洋,去美洲开辟自己的理想之国. 从 1620 年“五月花”号运载的 200 名清教徒到达美洲,到 1630 年在新英格兰的清教徒已多达 2 万之众.

当他们历尽艰辛建起了美国的教堂之后,一个问题随之出现,“当我们这一代传教士命归黄泉之后,我们的教堂会不会落入那些不学无术的牧师手里?”因为在这些清教徒中,有 100 多人是牛津、剑桥大学毕业的,他们一直在考虑:“怎样使我们的后人也受到同样的教育？”于是他们决心在荒凉的新英格兰兴起一座剑桥式的高等学校，它的使命是“促进学术，留传后人”.

1636 年 10 月 28 日马萨诸塞州议会做出决议：拨款 400 英镑兴办一所学校，后人便把此日定为这所学校的诞生日，次年 11 月 5 日，州议会命名学校的所在地为“坎布里奇”，校名为“坎布里奇学院”.

在这坎布里奇附近有个小镇，镇上有个牧师叫约翰·哈佛，他是 1635 年剑桥伊曼纽学院的文学硕士，他来到这镇上不过一两年，便因肺结核去世，临终遗嘱，把一半家产和 400 册藏书捐赠给坎布里奇学院，这一半遗产是 779 英镑 17 先令 2 便士，是州议会拨款的近 2 倍，而那 400 册藏书，在今天看来并不算什么，但以当时的出版之难，以新英格兰离欧洲文化中心之远，堪称可贵. 因有这一慷慨遗赠，州议会遂于 1639 年 3 月 13 日把学院改名为“哈佛学院”，这就是哈佛大学的肇始.

2 万清教徒，在荒凉的北美洲东海岸办起一座剑桥式的学院，兴起一座文化城，它至今仍叫“坎布里奇”，这地名，凝结着清教徒的去国怀乡之情；那校名，体现了清教徒的莫大雄心：“把古老大学的传统移植于荒莽的丛林.”

数学在早期“哈佛”中并非重点，在 1640 年亨利·邓斯特受命为“哈佛”第一任院长时，他遵照古老大学的模式，在设置希伯来、叙利亚、亚拉姆、希腊、拉丁等古代语和古典人文学科之外，还设置了逻辑、数学和自然科学课程，并在 1727 年设立了数学和自然哲学的教授席，在设立之时，它就宣称：“《圣经》在科学上并无权威，当事实被数学、观察和实验证明的时候，《圣经》不应与事实冲突.”可是宣言只是一种倾向，它在很长的一段时期里没有成为主流，“哈佛”仍旧沿着古老大学的传统生长，重点还在古典人文学科.

哈佛大学理科的振兴是从昆西开始的，昆西是 1829 年在浓厚的守旧气氛中上台的，为了名正言顺地实施振兴计划，他开始寻找根据，在 1643 年的档案中他找到了哈佛的印章设计图，那设计的印章上赫然有个拉丁词：Veritas（真理）. 这是业经董事会通过的，但为什么一直没用，无从考查，但是它给昆西带来启示:追求真理,这不正是大学的最高目标吗? 他把这一发现反映给董事会,要求把这个拉丁词铸到印章上去,恢复清教徒的理想,但在 1836 年,他的要求未获通过,直到 1885 年这个词才正式成为哈佛印章的标记.

哈佛大学从 20 世纪初至今一直是世界数学的中心之一,也是美国数学的重镇. 看一看曾经和现在数学系教授的明星阵容就可知其分量:阿尔福斯,1946—1977 年任哈佛大学教授,菲尔兹奖和沃尔夫奖的双奖得主; 伯格曼(Bergman,1898—1977)1945—1951 年在哈佛任讲师;伯克霍夫(Birkhoff Garrett,1911—1996)1936—1981 年在哈佛大学任教;G. D. 伯克霍夫(George David Birkhoff,1884—1944) 1912 年后在哈佛;博特(Raoul Bott, 生于 1923 年)1959 年后在哈佛大学; 布饶尔(Richurd Dagobert Bruuer,1901—1977)1952 年起在哈佛大学;希尔(Curl Einar Hille,1894—1980)1921—1922 年任教于哈佛大学;卡兹当(Jerry Lawrence Kazdan,生于 1937 年)1963—1966 年在哈佛大学任讲师;瑞卡特(Charles Eurl Rickart,生于 1913 年)1941—1943 年在哈佛大学任助教; 马库斯(Lawrence J. Markus,生于 1922 年) 1951—1952 年在哈佛任讲师;莫尔斯(Harold Marston Morse,1892—1977)1926—1935 年任教于哈佛大学;莫斯特勒(Frederick Mosteller,生于 1916 年)1946 年任教于哈佛大学;丘成桐(Shing-Tung Yau,生于 1949 年)1983 年起任教于哈佛大学; 沃尔什(Joseph Leonard Walsh,1895—1973)1921—1966 年任教于哈佛大学.

在世界大学生数学竞赛中有两大强国:一是美国,二是前苏联,对于后者也已请湖南大学的许康教授为我们数学工作室编译一本《前苏联大学生数学竞赛试题及解答》,但我们首先要介绍的是美国. 因为从 20 世纪开始,世界数学的中心就已经从德国移到了美国. 1987 年 10 月 24 日日本著名数学家志贺浩二在日本新潟市举行的北陆四县数学教育大会高中分会上以“最近的数学空气”为题发表了演讲,其中特别提到了美国数学的兴起,他说:

“与整个历史的潮流相同,在数学方面,美国的存在也值得大书特书，在第二次世界大战的风暴中，优秀的数学家接连不断地从欧洲移居到能够比较平静地继续进行研究的美国，特别是犹太人，他们擅长数学的创造性，人们以为，数学史上大部分实质性的进步是由犹太人取得的. 由于纳粹的镇压，许多犹太血统的数学家逃到了美国. 于是，美国社会就出现了现在这种数学的全新面貌，可以说浑然一体的数学社会诞生了. 到 20 世纪前半叶为止的欧洲，权威思想常常有社会观念做背景，数学也在和哲学权威、大学权威、国家权威等错综复杂地互相作用的同时，来保持数学学科的权威，高木（贞治）赴德时，以希尔伯特为中心的哥廷根（Göttingen）大学的权威俨然存在；1918 年独立后的波兰，在独立的同时，新兴数学的气势好像象征国家希望似的日益高涨.

“然而，由于从欧洲各国来的数学家汇集美国社会，还由于美国社会心平气和地接受了他们. 所以，一直支撑学术的大学或国家的权威至今已一并崩溃，整个数学恰与今天的美国社会一样浑然一体. 美国社会可以说是某种混合体似的社会，具有使每个人利用各自的力量激烈竞争而生存下去的形态，从中也就产生了领导世界的巨大的数学社会，这当然是于 20 世纪后半叶在数学社会中发生的新现象.”

按照社会学的研究，任何社会都是分层的，而各层之间是需要流动的，流动通道是否畅通决定了一个国家的兴衰. 青年阶段是人生上升的最重要阶段，社会留给他们怎样的上升通道决定于整个社会对人才的认识与需求. 曹雪芹的时代就是科举，于连的时代是选择红与黑（主教与军官），而当今社会大多数国家普遍选择教育，特别是高等教育来作为人生进阶的手段，这当然是世界各国的共识，也是大趋势.

英国小说家萨克雷（Thackeray，1811—1863）曾写过多篇讽刺上层社会的作品，如长篇小说《名利场》《潘登尼斯》，在其作品中描述了一种大学里的势利小人（University Snobs），他们

是这样的一种人:

> “他在估量事物的时候远离了事物的真实、内在价值,而是迷惑于外在的财富、权力或地位所带来的利益.当然存在这样的小人,他们会匍匐在那些财富、权力或地位占有者的脚下,而那些优越的人也会俯视着这些没有他们幸运的家伙,在美国东部的某些学院中,阿谀权贵家庭的情况的确存在,但并没有走到危险的地步.我们大学里那些豪华的学生宿舍和俱乐部表明铺张浪费、挥霍钱财的情况确实存在,但是就整体而言,美国大学中对财富的势利做法相对比较少;这一类的做法已经遍及全国,连低级杂志给富人揭短都反而助长了读者的势利心态,想到这一点,也许我们更该知足了罢.在我们的大学中还有一种愿望同样值得称赞,那就是让每个人都得到一次机会.事实上,大学院系中更具人道主义精神的成员们很乐于浪费他们的精力,力图根据学生的能力而不仅是他们的出身来提携学生,使他们超越自己原来所属的层次.”([美]欧文·白壁德著.文学与美国的大学.张沛,张源,译.北京:北京大学出版社,2004:51)

解决这一弊端的一个好办法就是在大路上再修一条快速通过的小路,除正面楼梯外再给天才们留一个后楼梯,那就是竞赛.

那么为什么偏偏选择数学竞赛这种方式呢?

日裔美国物理学家加来道雄(Michio Kaku)在其科普新作《平行宇宙》(*Parallel Worlds*)中指出:

> “在历史上,宇宙学家因名声不是太好而感到痛苦.他们满怀激情所提出的有关宇宙的宏伟理论仅仅符合他们的一点可怜的数据,正如诺贝尔奖获得者列夫·兰道(Lev Landau)所讽刺的:‘宇宙学家常常是错误的,但从不被怀疑.’科学界有句格言:‘思索,更

多的思索,这就是宇宙学.'”

在整个宇宙学的历史中,由于可靠数据太少,导致天文学家长期的不和和痛苦,他们常常几十年愤愤不平. 例如,就在威尔逊山天文台的天文学家艾伦·桑德奇(Allan Sandage) 打算做一篇有关宇宙年龄的讲演前,先前的发言者尖刻地说:“你们下一个要听到的全是错的.” 当桑德奇听到反对他的人赢得了很多听众,他咆哮着说:“那是一派胡言乱语,它是战争 —— 它是战争! ”

想一想连素以自然科学自居的天文学的大家之间都很难达成共识,其他学科可想而知,所以要想客观,要想权威,要想公正,数学竞赛是一个不错的选择,当然围棋比赛也可以,不过那种选拔只能是手工作坊式,无法大面积批量“生产人才”. 历史总会选择能够大规模、低成本的生产方式,包括选拔人才. 商务印书馆创始人张元济先生舍弃地位显赫的公学校长一职而转投当时尚为“街道小厂” 的商务印书馆时,所有的人都不理解,后来他才告诉大家出版之影响远胜于教育,因为它可快速批量复制. 以当时中国的人口规模而言,商务印书馆所发行的课本近一亿册,不能不令人惊叹.

数学竞赛无疑是为了选拔和发现精英而举办的,我们不妨关注一下世界最顶尖的精英集合 —— 诺贝尔自然科学奖获得者团体. 2014 年的诺贝尔自然科学奖评选已揭晓,领奖台上又多是欧美科学家,中国科学家再次沦为看客. 曾有学者做过统计,一个具有一定的经济基础和科学实力的国家,革命胜利或独立后 30 ~ 40 年内,一般会出现一名诺贝尔自然科学奖获得者,例如,巴基斯坦是 29 年,印度是 30 年,苏联是 39 年,捷克是 41 年,波兰是 46 年,而我国已经成立 65 年了,还没有实现零的突破,这已被人们称为当代的“李约瑟难题”,这种零诺贝尔自然科学奖现象的出现大学有不可推卸的责任. 从外表上看,中外大学生都在忙着学知识,但实质上动机有所不同,就像围棋界中既有大竹英雄、武宫正树那样的“求道派”,也有坂田荣男、小林光一那样的“求胜派” 一样. 北京大学教授陈平原在《大学何为》中指出:“总的感觉是,目前中国的大学太实际了,没有超越职业训练的想象力. 校长如此,教授如此,学生也不例外.”

以大学生数学竞赛为例,本来数学竞赛是用以发现具有数学天赋的数学拔尖人才的一种选拔方式,但在中国却早已蜕变为另一场研究生入学考试,试题极其相近,风格极其相似,一次对高深数学的探索之旅早已演变成追求职业功名的器物之用,而且现在出版的此类图书早已将两者合二为一了,比如笔者手边的一本《大学生数学竞赛试题研究生入学数学考试难题解析选编》即是如此. 于是,两类目的不同、风格应该迥异的考试就这样“融合了”,所以人们现在格外关注大学精神.

有人把大学的精神境界分为三类:第一类,追求永恒之物,如真理(西方文化里的上帝);第二类,追求比较稳定的事物,如公平、正义、知识等;第三类,追求变化无常的事物,如有用、时尚等. 美国一些重点大学一般追求的是第一、二类价值. 以2007年美国大学排名的前4位的校训为佐证:普林斯顿大学:Under God's power she flourishes (拉丁语:Dei sub numine viget),即借上帝之神力而盛;哈佛大学:Truth(拉丁语:Veritas),即真理;耶鲁大学:Light and truth (拉丁语:Lux et veritas),即光明与真理;加州理工学院:The truth shall make you free,即真理使人自由.

王国维的《人间词话》是这样开篇的:“词以境界为最上. 有境界,则自成高格,自有名句.”

在2002年的Newsweek International上Sarah Schafer以Solving for Creativity为题发表文章说:

> “(中国大学教育的)这种平庸性可能会削弱中国的技术抱负,这个国家希望不只是一个世界工厂,北京希望自己的高技术中心能与硅谷相匹敌,但是许多最伟大的创新来自于在实验室中从事纯粹研究的学者,当然,一个到处都是中学数学精英的国家可以为世界提供数以百万计的合格的电脑程序员. 但是如果中国真的想成为一个高科技的竞争者,那么中国学生就必须能够创造尖端技术,而不是简单地服务于它.”

有人提出现在在中国大学中数学建模大赛日盛,将来能否有一天纯数学竞赛被其取代.对于这种疑问我们可以肯定地说:"在可预见的将来不会,因为就像纯数学永远不可能被应用数学取代一样."

陆启铿先生在庆祝中科院理论物理所建所30周年大会上的讲话中谈到了一个关于应用的例子.

1959年陆启铿先生受华罗庚先生委托,接受了程民德先生的邀请到北京大学数学系为五年级学生开设一个多复变函数课程."大跃进"运动以来,北京大学提出了"打倒欧家店,火烧柯西楼"的口号,多复变中也有柯西公式,因而也被波及,学生们质问陆先生:"多复变是如何产生的?"陆先生说:"最初是由推广单复变数的一些结果产生的."学生们又问:"多复变有什么实际应用?"陆先生说:"到目前为止还不知道."学生们说:"毛主席教导我们说,真正的理论是从实际中来,又可以反过来指导实际,多复变违反了毛主席对理论的论述,它不是科学的理论;换句话说,是伪科学."

陆先生为此受到很大的压力,后来直到参加了张宗燧先生的色散关系讨论班才知道了多复变可用于色散关系的证明,就是Bogo Luibov的劈边定理(edge of wedge theorem),也知道未来光锥的管域,就是华罗庚的第四类典型域.纯数学是应用数学的上游,是本与末的关系.美国高等研究院(Institute of Advanced Study,简写为IAS)的Armand Borel教授将数学比作冰山,他说:

> "露在水面以上的冰峰,即可以看到的部分,就是我们称为应用数学的部分,在那里仆人在勤勉、辛苦地履行自身的职责,隐藏在水下的部分是主体数学或纯粹数学,它并不在大众的接触范围之内,大多数人只能看到冰峰,但他们并没有意识到,如果没有如此巨大的部分奠基于水下,冰峰又怎能存在呢?"

其实数学在整个社会文化知识体系中也是大多处于水下

部分,但这一点已被更多的人发觉.江苏教育出版社的胡晋宾和南京师范大学附中的刘洪璐注意过一个有趣的现象,那就是国内许多大学的校长(包括现任的、离任的,以及正职、副职)都是数学专业出身.具体见表1.

表1

数学家	所在大学
熊庆来	云南大学
何　鲁	重庆大学/安徽大学
华罗庚	中国科技大学
苏步青	复旦大学
柯　召	四川大学
吴大任	南开大学
钱伟长	上海大学
丁石孙	北京大学
齐民友	武汉大学
胡国定	南开大学
谷超豪	复旦大学/中国科技大学
伍卓群	吉林大学
龚　升	中国科技大学
潘承洞	山东大学
王梓坤	北京师范大学
黄启昌	东北师范大学
李岳生	中山大学
梅向明	首都师范大学
陈重穆	西南师范大学

续表

数学家	所在大学
王国俊	陕西师范大学
管梅谷	山东师范大学
李大潜	复旦大学
刘应明	四川大学
张楚廷	湖南师范大学
陆善镇	北京师范大学
陈述涛	哈尔滨师范大学
侯自新	南开大学
王建磐	华东师范大学
程崇庆	南京大学
宋永忠	南京师范大学
黄达人	中山大学
程　艺	中国科技大学
叶向东	中国科技大学
史宁中	东北师范大学
展　涛	山东大学
竺苗龙	青岛大学
庾建设	广州大学
陈叔平	贵州大学
吴传喜	湖北大学

据不完全统计共 39 位,正如胡、刘两位所分析:这个现象与数学学科的育人价值有关系.苏联数学家 A. D. 亚历山大洛夫认为,数学具有抽象性、严谨性和广泛应用性,以此推断,数

学的抽象性能够使得数学家在校长的岗位上容易抓住纷繁芜杂事务背后的本质,并对之进行宏观调控,实现抓大放小和有的放矢.数学学习讲究原则,数学推理遵循公理,数学思维严谨缜密,这些使得人们对数学家的为人处世的客观性和公正性有较好的口碑,因而更加具有社会基础.学习数学的人具有较强的逻辑思维能力,务实能力强,因而做行政工作时执行力强,更加有条不紊.数学的应用广泛性,也功不可没.数学学习中产生的思想、精神和方法具有较强的迁移作用,能够为担任校长职务锦上添花;现在的许多大学规模宏大,人员众多,校长面临的许多问题或许会用到数学的思想、方法和技术,因为数学已经从幕后走到台前,渗透到社会生活的方方面面,正因如此,数学家相对而言更加胜任大学校长的角色.

本书的编写也体现了我们对美国高等数学教育的欣赏.

美国人对数学的热情与重视可从下面的两件小事中得以反映.

1963 年 9 月 6 日晚上 8 点,当第 23 个梅森素数 $M_{11\,213}$ 通过大型计算机被找到时,美国广播公司(ABC)中断了正常的节目播放,以第一时间发布了这一重要消息.发现这一素数的美国伊利诺伊大学数学系全体师生感到无比骄傲,为了让全世界都分享这一成果,以至于把所有从系里发出的信件都盖上了"$2^{11\,213}-1$ is prime"($2^{11\,213}-1$ 是个素数)的邮戳.

第二件事是 1933 年的大学生数学竞赛中西点军校的代表队打败了哈佛大学代表队,一位军校生获得了个人最高分,报纸报道了军队的胜利,并且西点军校队收到了陆军参谋长道格拉斯·麦克阿瑟(Douglas MacArthur,曾以 94.18 的平均成绩获西点军校自他以前 25 年来的最高分,此人在抗美援朝战争中被我国人所知晓)将军的一封特殊的贺信.

有一份报告(National Research Council (NRC),Educating mathematical Scientists: Doctoral Study and the Postdoctoral Experience in the United States,National Academy Press,1992)指出:

"美国教育制度的主要长处之一就是其多样性.

在任何水平 —— 博士(博士后),大学、中学和小学 —— 都不能强加单一的教育范例,不同的教学计划都可能达到同样的目标,这种教育制度鼓励创新以及满足专业和国家需要的当地解决办法的研究,然后这种当地解决办法就会传播开,从而改进所有地方的教育."

这些正是我们要思考、研究和借鉴的!

刘培杰
2014 年 10 月 1 日
于哈工大

后 记

"俯视教育,直面数学,薪传学术,关注文化"是我们数学工作室的 16 字宗旨,名正则言顺,志同则道合. 这是一本众人合力编译成的大书,参编人员多达三十几位.

整个编译工程浩大,由刘培杰数学工作室策划并组织编写,其中译者有:

冯贝叶 许 康 侯晋川 陆柱家 陈培德 卢亭鹤
魏力仁 刘裔宏 吴茂贵 陶懋欣 刘尚平 陆 昱
姚景齐 邹建成 张永祺 邵存蓓 郭梦舒 王兰新

校者有:

冯贝叶 陆柱家 彭肇藩 沈信耀 李培信 李 浩
陈培德 童 欣 陆 昱 强文久 秦成林 林友明
姚景齐

其中刘裔宏、许康、吴茂贵、魏力仁是我国较早关注美国大学生数学竞赛的译者;冯贝叶先生是本书中承担任务最重的老先生,虽年近七旬,但每天奔波于北京图书馆与中国科学院之间,并且通过在美国的同学找到了最新的试题.

许多人现在都在津津乐道于出版业要走出去,我们工作室为什么还要大力引介宣扬舶来品呢? 中国社会科学院赵汀阳说的有道理:"现在我们很想说中国话语,但是,光有愿望是不够的,必须创造出有分量有水平的思想. 精神领域和物质领域有一点是一样的:一种产品必须有实力才真正有话说,话才能说得下去."(赵汀阳. 直观. 福州:福建教育出版社,2000:303)图书是一种精神产品,它有物质外壳,但更重要的是精神的内涵,今天我们的印刷和装帧都与发达国家的水平很接近了,但内容水平却还有一定距离,所以我们当前的主要工作仍然是"请进来",要"师夷之长技". 按当前国际的评价来讲,中国中等教育中数学教育水平并不弱,按管理学的说法,一只桶能盛多少水关键在那块最短板的长度,我们的最短板在高等教育,其中的数学教育与发达国家相比当然有所差距.

在本书的出版过程中,聂兆慈编辑付出了很多劳动. 自然科学类的图书编辑是很难做的,社会公众对此了解不够,以为催催稿、改改错就可胜任,其实那远远不够,一个理想中的编辑是什么样呢? 还是讲一个美国的例子,1921 年爱因斯坦在普林斯顿大学做了一场学术讲演,《纽约时报》记者欧文发回了一篇报道. 总编辑卡尔 · 范安达对报道中的一个方程式产生疑问,欧文便请帮助写报道的一位物理学家重新审阅,物理学家肯定地说:"爱因斯坦博士就是这么写的." 可范安达仍不罢休,要求欧文向爱因斯坦本人求证. 爱因斯坦看后惊讶地说:"天啊! 你们总编辑说得对,是我往黑板上抄写方程式的时候出了错." 当编辑当到这个份儿才够格,也才真正能够得到社会的认可及相应的声誉.

随着数学工作室出书量的增加,越来越多的读者对工作室日常的工作感到好奇,问你们每天都在忙些什么,这个问题很难回答.

美国女数学家罗宾逊(Julia Robinson) 能力超强,她同丈夫同在伯克利大学任教,由于伯克利大学规定夫妇不能在同一系任教,于是统计系为她提供了一个职位,她随职位申请书一同交给人事部门的工作描述,是典型的数学家的一周工作情况:"周一:试图证明定理;周二:试图证明定理;周三:试图证明定理;周四:试图证明定理;周五:定理错误."

我们工作室的工作与之相仿:约稿,编稿,审稿,改稿,发稿,被或不被读者所接受.

Erica Klarreich 曾说:"从现在开始,解决数学中最伟大的问题,你将得到荣誉和财富.”

准备好了吗? 开始解题吧!

刘培杰

2014.10.1

全国大学生数学夏令营数学竞赛试题及解答

许以超　陆柱家

序

往事追忆

在由中国科学院数学研究所两位研究员主持编写的《全国大学生数学夏令营数学竞赛试题及解答》一书正式出版之际，编者及哈尔滨工业大学出版社要我写几句话，这引起了我对20年前往事的一些回忆.

我是1984年2月18日被正式任命为数学研究所所长的，于1988年卸任.我们的领导班子实际上由4个人组成：副所长杨乐，党委书记前后有吴云、孙耿、李文林，另外王光寅亦参与重大事情的讨论与决定.集体决定的事情由我出面宣布，领导班子很团结.那时，虽然“文化大革命”已结束了多年，但“左”的影响仍在.科研工作怎么恢复？如何搞？这是摆在所领导面前的首要任务.按理讲，数学所应该办成一个面向国内外的开放型研究所.这个想法很自然地成为所领导的共识.实际上，世界上的数学所，基本上都是开放型的.1952年，数学所建所时就是开放型的.20世纪60年代，更招收了大批国内进修教师.现在所谓开放只是恢复一下过去的做法而已.数学所领导班子的想法得到科学院领导，特别是时任院长周光召的大力支持，科学院给数学所增拨了经费支持开放.这样，数学所就正式对外开放了.

作为数学所的开放举措有如下措施:其一为面向全国高校,招收一批进修教师.这一举措在1985年曾实行过,我们所为高校培养了一批数学骨干.另一举措为每年举办一次数学中心年.第一年(1985)就是由我主持的"代数解析数论年".可惜这个方向未能在我国长期开展下去.再一个举措就是举办"全国大学生数学夏令营",着力于培养年轻数学家.这项工作得到了高校的热烈欢迎.数学所的同事也热情参与.通过夏令营,参加者听了学术普及报告,参观了首都的名胜古迹,最重要的是参加数学竞赛.夏令营的整个气氛是火热的.时间虽然只有一周,我知道这些学生普遍对数学所产生了深厚的感情,他们自己也有自豪感,这确实使年轻人终生难忘啊!

但为什么搞了几年就停止了呢?我想主要原因也许是到了1996年,全国的改革开放程度已大幅度地提高了.可供交流的地方与活动也逐步增多了.特别是对国外的交流也由几个大城市与著名研究所、高校拓展至一些中小城市与普通高校.这就是说我国数学研究逐步由少数中心向多个中心转化.当然数学所的领导作用与中心作用亦会逐渐改变.在这样的形势下,夏令营的任务,甚至整个所的开放形式也可以告一段落了,因此夏令营很自然地结束了,大家并不感到突然.

夏令营的重点当然是数学竞赛,感谢许以超与陆柱家,他们是有心人,为我们留下了一份完整的材料,包括参加者个人与单位名单,试题与解答及优胜者名单.可惜当时学术报告的资料,一点没能留下.我记得我在好几届都做过学术报告,现在连报告题目都想不起来了.这就更显出这本书的宝贵了.我认为其真正价值在于其史料性质,从中可以看到一个研究所从被"四人帮"破坏得体无完肤到走上改革开放的康庄大道路途中的一段.回顾过去,我们更珍惜来之不易的今天和明天.

王 元

2006年11月

原序

20 世纪 70 年代末期以来,我国实行改革开放政策,数学研究与教育工作有了迅速发展. 一批优秀的青年人才成长起来,然而其中不少人在海外发展,显露身手. 近几年来,国内经济转轨,数学等基础研究对青年人的吸引力减小,我国数学界仍然面临着培养和造就一大批优秀的青年数学人才的重要任务.

优秀的数学人才应该有较全面的数学基础与训练,有扎实的功底;对所从事的学科与相关领域有较全面的了解与掌握;有广阔的视野与远大的目标,并逐步形成自己的学术思想与风格. 一般说来,具备了这些素质的学者才可以做高水平的研究工作,在国际上有关领域中发挥影响.

为了造就青年人才,中国科学院数学研究所一直认真做好培养硕士生、博士生和博士后的工作. 从1987 年开始,数学所又采取了一项重大举措:每年举办全国数学系大学生的夏令营. 我们约请国内一些主要大学的数学系选送高年级的优秀学生,会聚到北京,度过一周的夏令营. 在夏令营期间,组织高水平的学者为同学们做学术报告,介绍一些学科领域的发展与动态;举行座谈会,讨论与回答同学们普遍关心的问题;进行同学能力的测试等. 此外,还组织同学们游览首都的名胜古迹.

数学所不少同志参与了每年对夏令营测试的命题、阅卷与评分等项工作. 现在,许以超和陆柱家两位教授对历届夏令营的测试题目及其解答做了编辑与整理加工,印成此书,奉献给读者.

我们衷心希望它对于全国的大学生、研究生学习数学有所帮助.

如果把这本书作为一本题解,就失去了它应有的意义. 在参考这本书时,希望同学们要勤于动脑,使思路更加活跃,将学习引向深入,把学习与研究逐步结合起来. 同时又希望同学们勤于动手,做做比课堂上稍许困难一些的问题,自己认真推导、演算,逐步增强功力.

8 年来,数学所举办的大学生夏令营得到了各大学数学系的热情支持与帮助. 近两年,华晨集团十分关心这项活动,赞助了全部费用,仰融总裁及华晨集团主要领导还莅临了颁奖仪式.对此,我们表示衷心的感谢.

另外感谢徐叔贤教授和范同春先生组织了本书的出版,感谢朱世学先生为本书提供有关档案材料.而本书之打印工作,得力于王婷小姐,在此也表示衷心的感谢.

最后,让我们祝愿优秀的青年人才不断涌现!

杨　乐

1995 年 4 月

编辑手记

哈尔滨工业大学出版社刘培杰数学工作室致力于数学竞赛与数学文化的传播与普及,数学竞赛的高端是大学生数学竞赛,如著名的美国普特南数学竞赛,中国科学院数学研究所主办的中国大学生数学夏令营可称是中国版的普特南竞赛.试题均出自名家之手,构思巧妙,背景深刻,为全国大学师生所瞩目.其历届获奖者中有些已成长成为杰出的青年数学家,如代数几何学家扶磊等.首先感谢德高望重的王元院士及杨乐院士为本书所做的精彩序言,也感谢许以超研究员与陆柱家研究员的认真编写及整理.需要指出的一点是本书的排版与编辑加工都是在《数学译林》编辑部内部进行的.所执行的标准与国际数学界流行标准相同,与现行出版标准的微小差异如下:e,i 的正斜体及积分符号的正斜体,参加工作的人员是:录入——李世蓉,排版——李春英,作图——樊建荣,校对——李世蓉.

出版社李广鑫编辑对文稿进行了审读,并重新绘制了全部插图.

在文稿中关于向量及矩阵符号的黑白体问题,我们充分听取了作者的意见.特别是在著名数学家许以超先生的坚持下,向量及矩阵符号没有使用黑体,请读者阅读时留意.

刘培杰

2007 年 3 月

前苏联大学生数学奥林匹克竞赛题解(上编)

许康　陈强　陈挚　陈娟

内容提要

本书上编根据(前苏联)科学出版社1978年推出的B.A.萨多夫尼奇等编写的《大学生数学奥林匹克竞赛题集》译出,含560道题,半数有解答.

因为涉及各种层次的竞赛题,所以书中题目难度波动较大,有相对简单的问题,也有相当令人费解的难题,读者不妨依个人情况自选章节择题解读.

本书适合大学师生参考阅读.

上编原序

近年来作为活跃大学生科学创造力的方式之一,大学数学奥林匹克竞赛得到广泛的开展.由于这种竞赛题目的拟制具有智巧性的特点,以致它要求学生不仅要牢固掌握教学大纲上所规定的必要知识,而且在方法上要有所发现、有所创造.一般说来,试题多以简易的形式阐述某个深邃的数学思想.

同时,虽说在数学竞赛方面已经拥有各种丰富的参考资料,但迄今还没有一本较为全面而又通俗的数学奥林匹克竞赛试题集问世.

因之,我们向读者提供的这本试题集,在某种程度上可以填补上述空白.本书是以下列各种试题为基础编写的:各所国立高等院校的数学奥赛试题(初赛),莫斯科市大学生数学奥赛(复赛)试题,全苏联“大学和科学技术进步”数学奥赛试题,国际大学生数学奥赛的某些试题,以及莫斯科大学数学力学系的数学竞赛试题与口试题.

我们认为:本题集对于广大读者,首先是各类高等院校的大学生、研究生、教师,高年级中学生、中学教师以及所有的数学爱好者,都将有所裨益.

第一部分第一章是由莫斯科各高等学校数学奥林匹克竞赛试题整理而成的.凡单号题大都附有完整解法或详尽提示;而双号试题则未作解,建议读者自行解算.

第一部分第二章由全苏联数学奥林匹克竞赛试题整理而成.这种竞赛将参赛大学分组,并按学生年级高低分场比赛.有关情况可见各题题号后的圆括号内文字说明.本章全部试题都附有解法.

最后,我们将一些颇有趣味而又不繁复的大学赛题、国际数学奥林匹克赛题、面试题等整理成第三章.这章同样给单号题附上解答.

第一、三两章的题目,我们大体上按其学科分支归类及由浅入深的顺序适当编排.

我们对举办高等学校数学奥林匹克竞赛的所有单位,筹办一系列城市与全苏联数学奥林匹克竞赛的莫斯科大学力学 - 数学系全体成员及数学奥赛的各位参与者表示深切的谢意.

此外,莫斯科大学教授 Ю. А. 卡吉明,副教授 A. B. 米哈辽夫,Ю. B. 涅斯捷连柯对许多试题的条件和解法进行了有益的讨论,数学奥赛的多次优胜者 —— 莫斯科大学力学 - 数学系学生 C. 阔尼亚金参加了本书编写计划的讨论.我们对此尤为申谢.

B. A. 萨多夫尼奇
A. C. 波德阔尔金

前苏联大学生数学奥林匹克竞赛题解(下编)

许康　陈强　陈挚　陈娟

内容提要

本书下编根据莫斯科大学出版社出版的B.A.萨多夫尼奇等合编的《大学生数学奥林匹克竞赛题集》译出.这是1987年全新版本,不重复前书.

下编前后分问题与解答两部分,两部分均相应分为四章:数学分析,代数,几何,数论、组合和概率论.这与上编(按初、复试分章)略有区别.

下编包含六百多道题,主要来自1978—1984年间前苏联主要高等院校、城市和地区以及全苏联多轮次的大学生奥林匹克竞赛题.此外尚有部分著名大学间的数学竞赛题和少量重要考试题,书中多数题在后部分配有解答.

由于涉及各种层次的竞赛题,因此书中题目难度波动较大,有相对简单的问题,也有相当令人费解的难题,读者不妨依个人情况自选章节择题解读.

本书适合大学师生参考阅读.

下编原序

B.A.萨多夫尼奇和A.C.波德阔尔金在1978年所编书[1]

中,按选题和复杂性提供了大量各种各样的大学生竞赛题. 随后一段时期大学生奥林匹克竞赛活动在前苏联得到更进一步的发展,进行了大量奥林匹克竞赛和解题竞赛. 前苏联大批高等院校参与了“大学生与科学 - 技术进步” 多种形式的奥林匹克竞赛活动. 奥林匹克竞赛分若干轮次进行:高等院校内部的,地区的,共和国的,全苏联的. 在莫斯科和列宁格勒(现称圣彼得堡) 进行了与共和国可相比拟的城市这一轮次的竞赛. 总之,有全苏联的,有所有联盟共和国组织参与的轮次,还有莫斯科和列宁格勒的. 1974 年首次举行了全苏联轮次的竞赛,随后几年没有进行,而从 1981 年开始一年一度举行.

我们注意到,对于不同数学教学大纲的高等院校,奥林匹克竞赛予以分别进行, 最难的竞赛题被提议在综合大学组使用.

在莫斯科城市这轮竞赛,以另一种方式分组. 第 Ⅰ 组有综合大学、师范学院和扩大了数学教学大纲的技术大学, 如 МФТИ,МИФИ 等;第 Ⅱ 组为突出的多数高等技术院校. 第 Ⅲ 组是大多数的工学院.

每组由两类不同版本的问题组成:针对大学一年级和大学二到五年级.

遗憾的是,大多数奥林匹克竞赛题近年没有发表,广大数学爱好者还不知道. 按我们的看法,竞赛题集编成出版的时候,在某种程度会推进今后奥林匹克竞赛活动的发展. 由此便产生编写此书的想法,书中编有 1978—1984 年竞赛题,而 В. А. 萨多夫尼奇和 А. С. 波德阔尔金的 1974—1977 年竞赛题没有编入本书.

本集汇编的问题有“大学生与科学 - 技术进步” 奥林匹克竞赛所有轮次提供的竞赛题:高等院校的,莫斯科奥林匹克竞赛轮次的,地区性奥林匹克竞赛(伏尔加地区),俄罗斯奥林匹克竞赛,以及 1981—1983 年综合大学组奥林匹克竞赛末轮的竞赛题,还有同样是末轮的 1974 年奥林匹克竞赛题(没有分组). 在“大学生与科学 - 技术进步” 奥林匹克竞赛范围之外,还有在莫斯科国立大学力学 - 数学系进行的一系列竞赛的试题;这个解题的函授竞赛与1982 年的讲座的奥林匹克竞赛一起进行. 随后一年,在莫斯科国立大学力学 - 数学系,列宁格勒大学数学-力学系,莫斯科物理-技术学院之间开始进行数学竞赛.本书中也包含了这些竞赛题.希望读者有兴趣了解在 НССР 和 СФРЮ 进行的奥林匹克竞赛的某些题目(最近的竞赛是国际的,组织了一些欧洲国家的综合大学参加).除此之外,书中还包含一系列考试题,它们有莫斯科国立大学提供的数学分析试题,全国性考试及进入研究机关的考试等试题,而其中没有由专家评判组提供的奥林匹克竞赛题.

所有选取的题目分为四章,每章分为若干节(§).书中提供的题目难度波动很大.在每节有若干相对简单的问题,然而,因为书中包含许多讲座中涉及的奥林匹克竞赛题、地区竞赛和数学竞赛题,通常会含有十分困难的题目,其复杂性平均水准略微超过 В. А. 萨多夫尼奇和 А. С. 波德阔尔金的书.本编中有若干很难的题目.比如,第四章 §7 的 28 题是由列宁格勒大学评判组提供的莫斯科大学-列宁格勒大学数学竞赛题.评判组不知道它的解答(这是竞赛规则允许的),数学竞赛参与者都没有解出此题目,不知道其解答的也包括我们.

本编对多半的题目提供了解答,希望读者独立求解其余的问题.在解答它们中的多数问题之后,便可利用同样的思想来考虑相近的题目.

本编不能以完备性自居,读者可从下列书中寻找不同的奥林匹克竞赛题:从 1983 年开始在基辅出版的丛书《今日数学》,М. А. Щубин[2],В. Н. Сергеев 和 Г. А. Тоноян[3],П. Г. Сатьянов[4].[5] 汇编有奥林匹克竞赛较复杂的 400 道题.而在 Г. А. Тоноян[6] 编入从 1889—1977 年前苏联和外国一批著名大学的大学生数学竞赛中的近 2 500 道题.

作者对所有举办大学生奥林匹克竞赛的集体、赛题作者、竞赛参与者表示感谢.我们特别感谢莫斯科国立大学的 В. М. Тихомиров 教授对我们工作的关照,以及 И. Г. Царьков,И. А. Копылов 和 В. В. Титенко 有益地商讨一批题目的条件和解答.

В. А. 萨多夫尼奇
А. А. 格里戈里扬
С. В. 阔尼亚金

主译者后记

1978 年早春和初秋,我们这些年近不惑、被同仁戏称为"历史上水平最高的助教"登上讲台,向两批被誉为"世界上积压最久的学生"实施高等数学基础课程的教学. 当年的录取率只占报名者的三十分之一,如果计及以往每年新增千多万人的人口数目,1966—1976 年间因高考停顿而未能进入大学的适龄(18 岁以上)人员累计超过一亿人,但恢复高考后,1977、1978 两个年级入学者只有四十万,即他们是千分之二三的幸运儿. 师生双方在年资或比率上占优或超强,故有前面的戏言.

"得天下英才而教育之,不亦乐乎!"当时的数学大课堂听课者超百人,还加上一些暂时无教学任务的专业课老师,他们由所在系、科派来兼任"助教",重温二十年前学过的知识,并帮助辅导答疑和批改作业. 这样的课堂称得上"人满为患",质疑问难声此起彼伏,促使我们用心备课,上下求索,搜拣古今,两年下来积累了大量抄录、翻译的英、俄文教学参考资料以及日、德、法等国的教材、考题等,平时即作为教学示例和课外作业的补充,也没想到出版. 1980 年夏季,湖南省数学会在孙本旺理事长(1945 年被政府遴选随华罗庚、吴大猷、曾昭抡等赴美"学习原子弹制造"的唯一青年数学家,另有李政道、唐敖庆等青年物理、化学家. 美国官方并未接受,孙本旺只好到纽约大学库朗研究所学了些军事数学,1950 年回国后,由武汉大学调到哈尔滨军事工程学院)的积极推动下,筹备全省(也是全国)首届大学生数学竞赛. 于是,我们首次将 B. A. 萨多夫尼奇等人主编的《前苏联大学生数学奥林匹克竞赛试题集》(1978 年初版本)译出,以蜡版油印出来供敝校培训参赛队伍参考.

之后的两三年,我们又伴随着前三届学生的毕业、考研,分别编写并正式出版了《高等数学学习指导》(1982)、《大学研究生入学考试数学试题解答》(1983)等参考书,现查国家图书馆书目,竟然都居全国最早的几本之列,这不能不说是当年教学相长"逼"出来的成果. 那时是初次尝试,限于水平,疏漏之处当然难免,仍旧敬祈读者继续教正.

平心而论，那几届大学生由于“文化大革命”的十多年荒废，如饥似渴、废寝忘食地抢学猛干，精神可嘉，已成表率和栋梁. 但就原来的基础而言，除高中“老三届”以外，实比现代中学毕业生远逊. 当年我们为之准备的那些课外参考材料，学生们由于时间、精力、课业、进度等的限制，真正能全读、全解的实属罕见. 现在重新翻看 B. A. 萨多夫尼奇的这两本试题集（1987年又编了一本，材料全新，即“下编”部分），不得不感佩这个从彼得大帝、叶卡捷琳娜女皇时代开始崛起的大国，仅以数学研究和教学来看，真正不含糊，绝非幸至！而中国当代大学生，往有高考、前有考研，加上平时测验、学期考试、建模竞赛等，在考场上可谓身经百战，早已体会到解题能力的提高不是单纯从课堂上得到的. 这本集子（其中一些题目早已流传和被各类考试借鉴）正可谓宝剑赠壮士，你们比前辈大学生更配得上使用它，并将其转化为巨大的精神和物质力量. 全书由我们主译，陈强对下编出力最多. 译文从题目内容、解法到表述形式等，还得到陈挚、陈娟两位中青年教师反复参详、推敲演绎，花费不少精力，在此特予说明.

另外，还要感谢雷玉琼、胡卫，特别是李林帮助搜求俄文“新”版本（旧籍），除在京、津、沪等地书肆图馆，李林还趁赴俄罗斯等国之便代为查找，终有所获！

对哈尔滨工业大学出版社有关领导和刘培杰编辑的慧眼和睿断，更应表示诚挚的谢意！

长江后浪推前浪，伏尔加河上的纤夫也换了好几茬. “苏联”已成历史名字，本书的上、下编也不可能再加赓续. 从出版史和藏书史来说，“绝版书”有其独特价值和魅力，何况这些题目仍如珍稀邮票，可供鉴赏借镜之处很多，幸勿等闲视之！

许康　陈强

2008.7.28

编辑手记

余英时先生在《五四运动与中国传统》中提到刘半农曾赠

鲁迅一副联语:"托尼学说,魏晋文章."托指托尔斯泰,尼指尼采.

托尔斯泰是俄国文学家,尼采是德国哲学家.众所周知其各自的学说在中国影响深远.窃以为数学特别是现代数学俄国及德国对我国的影响也同样是深远的.

俄罗斯数学试题的特点是艰深并兼具高度原创性.先说说高难度这个特点.

伊兰(Ilan Vardi)是法国巴黎综合理工大学计算机科学系教授,世界著名数学家,在 p-adic 分析方面见长.有一次美国麻省理工学院教授维克多·卡茨(Victor Kac)在法国高等科学研究所的茶座里让伊兰关注莫斯科一位高中教师所写的一篇关于俄罗斯国立莫斯科大学数学系入学考试当中用来淘汰犹太考生的试题的文章,过了一段时间伊兰写了一篇论文来给出对这些问题的完整分析(详见 You failed your mathtest,Comrade Einstein:Adventures and misadventures of young mathematicians or test your skills in almost recreational mathematics. M. Shifman 编. World Scientific 出版社 2006 年版).

并且伊兰在这篇论文中给出了解决这些问题所需的时间.他写道:"我先不说这些问题的道德方面.""我的目的是分析所涉及的问题的复杂性."他要花费两三个小时来为每一个问题找到一个答案,而面对同样这些问题,只给那些学校不愿录取的考生几分钟的时间来找到答案.不用说,所有那些为其他考生所设计的问题,伊兰只用了数以秒计的时间就解决了.

再说原创性.在世界上许多数学重大发现的背后都有俄罗斯数学家的身影,且不说费马大定理证明中的沙法列维奇,比勃巴赫猜想中的戈鲁辛,哥德巴赫猜想中的维诺格拉朵夫,n 体问题中的阿诺德,就连 20 世纪最时髦的非线性科学的起源人们都找到了是沙可夫斯基序.所以像庞加莱猜想被终结于俄罗斯隐士佩雷尔曼之手就没什么可惊奇的了.

前苏联曾高度极权化.1948 年日丹诺夫的儿子小日丹诺夫因为反对科学权威李森科,被斯大林怒斥,日丹诺夫受到刺激死于心脏病突发,实际是被吓死的.但俄罗斯数学却因远离政治、闭关自守发展出了一套独特的体系,令全世界不敢轻视.

反观中国教育特别是高等教育完全被国家垄断,从本质上说中国只有一家大学,那就是教育部. 连朱清时这样的重量级人物想突围的努力都被扼杀于无形. 这种垄断的一个特征是垄断了人才评价标准,现象是标准答案盛行. 社会学家熊培云在《自由在高处》(新星出版社,北京,2011,57 页) 中指出:“说标准答案完全摧毁了中国教育,这话未免言过其实. 不过,在很多时候你又不得不承认,标准答案是个不折不扣的祸患. 在那里,不仅有对知识的乔装改扮,故作威严. 更有对人性的无穷摧折,对光阴的无情浪费. 死记硬背的学问,本来就是记忆之学对思维之学的侵袭,更别说那些要求别人写读后感的主观题,竟然也有标准答案. 其实这种状况早在中国古代早已成为传统与制度.” 熊培云指出:“…… 奖励作为一种社会控制方式一直广泛地存在于历史生活之中. 举例说,那些考了一辈子的老童生便是在某种程度上做了科举制度的‘人质’. 他们皓首穷经,只为得到皇帝老儿预言的奖赏.”

当读书人别无选择,完全被纳入于皇权考评体系时,其本质上是旧时的才子被制度绑架了青春.

数学在这种大背景下完全被工具化,逐渐演变成一种新的八股.

教育部高等学校文化素质教育指导委员会主任委员,中国科学院院士杨叔子在第二届全国高校数学文化课程建设研讨会上做题为“文理交融打造‘数学文化’特色课程”的主题报告时指出:“数学不只是一个科学工具,也不只具有强大有力的工具理性. 作为传道、授业、解惑的教师,更不能只将数学作为科学工具来进行教学、育人.”

解决之道还看不到,但历史上好的时期倒是可以借鉴.

近几年在图书市场上关于西南联大的书倾筐盈箧,这是一个很令人费解的现象. 陈四益先生在《读书》杂志中撰文指出:

> “论规模,今天的大学,西南联大可不能比. 一所大学里有多少学院,一个学院里有多少个系,一个系里有多少个专业、研究所、中心,数起来都费事. 那气派岂是区区西南联大可比? 论财力,西南联大也无法

比.那时国难当头,连军饷都发不出,何遑教育？老师欠薪,学生借贷,资料短缺,仪器匮乏,哪像现在教育产业化,到处来钱儿？那会儿,西南联大不过就是几所疏散到后方的大学凑在一起勉力维持罢了,不像现在,按工程规划,该有一百所世界一流大学了吧."

"可是,为什么说来说去还是一所西南联大？怀旧？崇古？情结？还是我们今天办教育出了什么问题？说不清.按照历年的报道,教育的形势大好,不是小好.历届主管教育的都升迁了,招生不断扩大,考题越来越难,学生负担越来越重,收费的花样越来越繁,教师的地位越来越高,硕士博士越来越多……可是,为什么到头来一天到晚挂在嘴上的还是那所西南联大？"

教育最应无为而治.教育最不应受控制.我们现在所景仰的几位大教育家无一不是不服"天朝"管的独立人士,从竺可桢、蔡元培到刘道玉、朱清时.去官僚化越去越强,学者被逐渐边缘化.在这种大环境之下,数学教育想独善其身是不可能的.最多是做一点技术层面的微调.大师们已经隐去,剩下的准大师们也不愿出现在讲台上.教材及题目千篇一律,千校一面.据中科院数学研究所前所长李文林先生介绍吴文俊大师在中科大微积分课程的讲授中所展现出的大师风采时写道:

"对积分学的处理,尤其是关于不同维数的积分之间关系的讨论,是吴先生微积分课程最别具一格的部分.关于一个光滑曲面或一个闭区域的积分与关于其边界的积分之间的关系,数学家 Gauss, Ostrogradsky, Green 以及 Stokes 等都曾得到一些特殊的定理和公式,一般的微积分教科书就是介绍这些特殊的定理和公式(如奥－高定理,格林公式等),而恰如吴先生在他的讲义中所指出的:'重要的是现在可以综合为一个定理,其特殊形式曾由 Stokes 证明,因而也就称为 Stokes 定理.这个定理的一般形式是 Elle

Cartan建立的.'吴先生的讲义正是以交错微分(外微分)形式为工具,最终阐述并证明了一般的Stokes定理,而通常的奥-高定理,格林公式等均成为其特例.这样的处理具有理论高度,展示了数学的统一性,可以说是高观点下的微积分."

许康先生在其后记中详细记叙了20世纪80年代初期高校数学教育的盛况,想想都令人激动.那时的教师传道、授业、解惑用功之深,对国内外好题搜罗之广,对学生爱之深、责之切,虽不能说是空前,但绝后几乎可以断定.

在写这篇文字的时候,刚刚接到天津王成维校长的电话,告知我们的老朋友、老作者王连笑先生突然离世,倍感震惊.同时也意识到对我们的老作者的成果一定要抓紧出版,以免留下遗憾.

1932年,"一·二八"上海战争爆发,鲁迅先生从自己寓所的楼上,遥望弥天战火,眼看替自己印木刻的那家印刷所,同自己的锌版顷刻要变为灰烬时,不禁感慨道:

"现在的人生,又无定到不及薤上露,万一相偕湮灭,在我,是觉得比失去了生命还可惜的."

学者将自己的书稿视为生命.愿我们共同珍惜,为全社会留下宝贵的精神财富.

刘培杰
2011.8.18
于哈工大

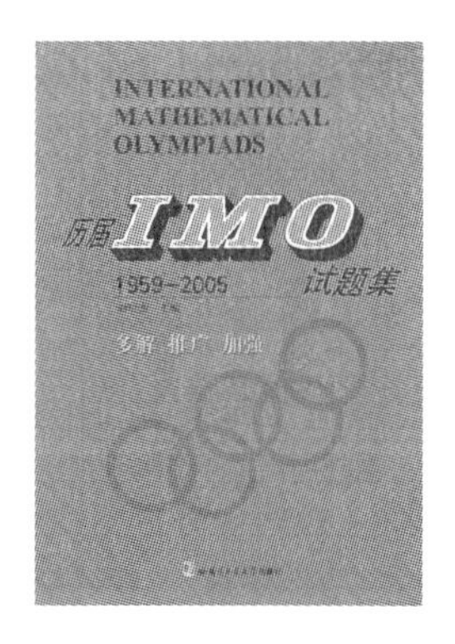

历届IMO试题集

刘培杰

内容简介

本书汇集了第1届至第46届国际数学奥林匹克竞赛试题及解答.本书广泛搜集了每道试题的多种解法,且注重了初等数学与高等数学的联系,更有出自数学名家之手的推广与加强.本书可归结出以下四个特点,即收集全、解法多、观点高、结论强.

本书适合于数学奥林匹克竞赛选手和教练员、高等院校相关专业研究人员及数学爱好者使用.

前　言

法国教师于盖特·昂雅勒朗·普拉内斯在与法国科学家、教育家阿尔贝·雅卡尔的交谈中表明了这样一种观点:

"若一个人不'精通数学',他就比别人笨吗?

"数学是最容易理解的.除非有严重的精神疾病,不然的话,大家都应该是'精通数学'的.可是,由于大概只有心理学家才可能解释清楚的原因,某些年轻人认定自己数学不行.我认为其中主要的责任在于教授数学的方式.

“我们自然不可能对任何东西都感兴趣,但数学更是一种思维的锻炼,不进行这项锻炼是很可惜的.不过,对诗歌或哲学,我们似乎也可以说同样的话.

“不管怎样,根据学生数学上的能力来选拔‘优等生’的不当做法对数学这门学科的教授是非常有害的.”(阿尔贝·雅卡尔,于盖特·昂雅勒朗·普拉内斯.《献给非哲学家的小哲学》.周冉,译.广西师范大学出版社,2001:96)

这本题集不是为老师选拔“优等生”而准备的,而是为那些对IMO感兴趣,对近年来中国数学工作者在IMO研究中所取得的成果感兴趣的读者准备的资料库.本题集展示原味真题,提供海量解法(最多一题提供20余种不同解法,如第3届IMO第2题),给出加强形式,尽显推广空间,是我国1949年以来有关IMO试题方面规模最大、收集最全的一本题集,从现在看以“观止”称之并不为过.

前中国国家射击队的总教练张恒是用“系统论”研究射击训练的专家,他曾说:“世界上的很多新东西,其实不是‘全新’的,就像美国的航天飞机,总共用了2万个已有的专利技术,真正的创造是它在总体设计上的新意.”(胡廷楣.《境界——关于围棋文化的思考》.上海人民出版社,1999:463)本书的编写又何尝不是如此呢,将近100位专家学者给出的多种不同解答放到一起也是一种创造.

如果说这部题集可比作一条美丽的珍珠项链的话,那么编者所做的不过是将那些藏于深海的珍珠打捞起来并穿附在一条红线之上,形式归于红线,价值归于珍珠.

首先要感谢江仁俊先生,他可能是国内最早编写国际数学奥林匹克题解的先行者(1979年笔者初中毕业,同学姜三勇(现为哈工大教授)作为临别纪念送给笔者的一本书就是江仁俊先生编的《国际中学生数学竞赛题解》(定价仅0.29元),并用当时叶剑英元帅的诗词做赠言:“科学有险阻,苦战能过关.”27年过去仍记忆犹新.所以特引用了江先生的一些解法). 江苏师范学院(单墫、蒋声两位教授都在那里读过书,华东师范大学的肖刚教授也曾在该校外语专业读过)是我国最早介入 IMO 的高校之一,毛振璇、唐起汉、唐复苏三位老先生亲自主持从德文及俄文翻译 1 ~ 20 届题解. 令人惊奇的是,我们发现当时的插图绘制居然是我国的微分动力学专家"文化大革命"后北大的第一位博士张筑生教授,可惜天嫉英才,张筑生教授英年早逝,令人扼腕(山东大学的杜锡录教授同样令人惋惜,他也是当年数学奥林匹克研究的主力之一). 本书的插图中有几幅就是出自张筑生教授之手. 另外中国科技大学是那时数学奥林匹克研究的重镇,可以说 20 世纪 80 年代初中国科技大学之于现代数学竞赛的研究就像哥廷根 20 世纪初之于现代数学的研究. 常庚哲教授、单墫教授、苏淳教授、李尚志教授、余红兵教授、严镇军教授当年都是数学奥林匹克研究领域的旗帜性人物. 本书中许多好的解法均出自他们. 目前许多题解中给出的解法中规中矩,语言四平八稳,大有八股遗风,仿佛出自机器一般,而这几位专家的解答各有特色,颇具个性. 记得早些年笔者看过一篇报道说常庚哲先生当年去南京特招单墫与李尚志去中国科技大学读研究生,考试时由于单墫基础扎实,毕业后一直在南京女子中学任教,所以按部就班,从前往后答,而李尚志当时是南京市的一名工人,自学成才,答题是从后往前答,先答最难的一题,风格迥然不同,所给出的奥数题解也是个性化十足. 另外,现在流行的 IMO 题解,历经多人之手已变成了雕刻后的最佳形式,用于展示很好,但用于教学或自学却不适合,有许多学生问这么巧妙的技巧是怎么想到的,我怎么想不到,容易产生挫败感,就像数学史家评价高斯一样,说他每次都是将脚手架拆去之后再将他建筑的宏伟大厦展示给其他人. 使人觉得突兀,景仰之后,倍受挫折. 高斯这种追求完美的做法大大延误了数学的发展,使人们很难跟上他的脚步. 所以我们提倡,讲思路,讲想法,表现思考过程,甚至绕点弯子,都是好的,因为它自然,贴近读者.

中国数学竞赛活动的开展与普及与中国革命的农村包围城市、星星之火可以燎原的方式迥然不同,是先在中心城市取得成功后再向全国蔓延,而这种方式全赖强势人物推进,从华罗庚先生到王寿仁先生再到裘宗沪先生,以他们的威望与影响振臂一呼,应者云集,数学奥林匹克在中国终成燎原之势,他们主持编写的参考书在业内被奉为圭臬,我们必须以此为标准,所以引用会时有发生,在此表示感谢.

中国数学奥林匹克能在世界上有今天的地位,各大学的名家们起了重要的理论支持作用.北京大学王杰教授、复旦大学舒五昌教授、首都师范大学梅向明教授、华东师范大学熊斌教授、中国科学院许以超研究员、合肥工业大学的苏化明教授、杭州师范学院的赵小云教授、陕西师范大学的罗增儒教授等,他们的文章所表现的高瞻周览、探赜索隐的识力,已达到炉火纯青的地步,堪称中国IMO研究的标志.如果说多样性是生物赖以生存的法则,那么百花齐放,则是数学竞赛赖以发展的基础.我们既希望看到像格罗登迪克那样为解决一批具体问题而建造大型联合机械式的宏大构思型解法,也盼望有像爱尔特希那样运用最少的工具以娴熟的技能做庖丁解牛式剖析型解法出现.为此本书广为引证,也向各位提供原创解法的专家学者致以谢意.

编者为图"文无遗珠"的效果,大量参考了多家书刊杂志中发表的解法,也向他们表示谢意.

特别要感谢湖南理工大学的周持中教授、长沙铁道学院的肖果能教授、广州大学的吴伟朝先生以及顾可敬先生.他们四位的长篇推广文章,读之使我不能不三叹而三致意,收入本书使之增色不少.

最后要说的是由于编者先天不备,后天不足,斗胆尝试,徒见笑于方家.

哲学家休谟在写自传的时候,曾有一句话讲得颇好:"一个人写自己的生平时,如果说得太多,总是免不了虚荣的."这句话同样也适合于一本书的前言,写多了难免自夸,就此打住是明智之举.

刘培杰
2006 年 6 月

后记

行为的背后是动机,编一部洋洋80万言的书一定要有很强的动机才行,借后记不妨和盘托出.

首先,这是一本源于"匮乏"的书.1976年编者初中一年级,时值"文化大革命"刚刚结束,物质产品与精神产品极度匮乏,学校里薄薄的数学教科书只有几个极简单的习题,根本满足不了学习的需要.当时全国书荒,偌大的书店无书可寻,学生无题可做,在这种情况下,笔者的班主任郭清泉老师便组织学生自编习题集.如果说忠诚党的教育事业不仅仅是一个口号的话,那么郭老师确实做到了.在其个人生活极为困顿的岁月里,他拿出多年珍藏的数学课外书领着一批初中学生开始选题、刻钢板、推油辊.很快一本本散发着油墨清香的习题集便发到了每个同学的手中,喜悦之情难以名状,正如高尔基所说:"像饥饿的人扑到了面包上."当时电力紧张经常停电,晚上写作业时常点蜡烛,冬夜,烛光如豆,寒气逼人,伏案演算着自己编的数学题,沉醉其中,物我两忘.30年后同样的冬夜,灯光如昼,温暖如夏,坐拥书城,竟茫然不知所措,此时方觉匮乏原来也是一种美(想想西南联大当时在山洞里、在防空洞中,学数学学成了多少大师级人物.日本战后恢复期产生了三位物理学诺贝尔奖获得者,如汤川秀树等,以及高木贞治、小平邦彦、广中平佑的成长都证明了这一点),可惜现在的学生永远也体验不到那种意境了(中国人也许是世界上最讲究意境的,所谓"雪夜闭门读禁书",也是一种意境),所以编此书颇有怀旧之感.有趣的是后来这次经历竟在笔者身上产生了"异化",抄习题的乐趣多于做习题,比为买椟还珠不以为过,四处收集含有习题的数学著作,从吉米多维奇到菲赫金哥尔茨,从斯米尔诺夫到维诺格拉朵夫,从笹部贞市郎到哈尔莫斯,乐此不疲.凡30年几近偏执,朋友戏称:"这是一种不需治疗的精神病."虽然如此,毕竟染此"病症"后容易忽视生活中那些原本的乐趣.这有些像葛朗台用金币碰撞的叮当声取代了花金币的真实快感一样.匮乏带给人的除了美感之外,更多的是恐惧.中国科学院数学研究所数论室主任徐广善先生来哈尔滨工业大学讲课,课余时曾透露过陈景润先生生前的一个小秘密(曹珍富教授转述,编者未加核实).陈先生的一只抽屉中存有多只快生锈的上海牌手表.这个不可思议的现象源于当年陈先生所经历过的可怕的匮乏.大学刚毕业,分到北京四中,后被迫离开,衣食无着,生活窘迫,后虽好转,但那次经历给陈先生留下了深刻记忆,为防止以后再次陷于匮乏,就买了当时陈先生认为在中国最能保值增值的上海牌手表,以备不测.像经历过饥饿的田鼠会疯狂地往洞里搬运食物一样,经历过如饥似渴却无题可做的编者在潜意识中总是觉得题少,只有手中有大部头习题集,心里才觉安稳.所以很多时候表面看是一种热爱,但更深层次却是恐惧,是缺少富足感的体现.

其次,这是一本源于“传承”的书.哈尔滨作为全国解放最早的城市,开展数学竞赛活动也是很早的,早期哈尔滨工业大学的吴从炘教授、黑龙江大学的颜秉海教授、船舶工程学院(现哈尔滨工程大学)的戴遗山教授、哈尔滨师范大学的吕庆祝教授作为先行者为哈尔滨的数学竞赛活动打下了基础,定下了格调.中期哈尔滨市教育学院王翠满教授、王万祥教授、时承权教授,哈尔滨师专的冯宝琦教授、陆子采教授,哈尔滨师范大学的贾广聚教授,黑龙江大学的王路群教授、曹重光教授,哈三中的周建成老师,哈一中的尚杰老师,哈师大附中的沙洪泽校长,哈六中的董乃培老师,为此做出了长期的努力.20世纪80年代中期开始,一批中青年数学工作者开始加入,主要有哈尔滨工业大学的曹珍富教授、哈师大附中的李修福老师及笔者.90年代中期,哈尔滨的数学奥林匹克活动渐入佳境,又有像哈师大附中刘利益等老师加入进来,但在高等学校中由于搞数学竞赛研究既不算科研又不计入工作量,所以再坚持难免会被边缘化,于是研究人员逐渐以中学教师为主,在高校中近乎绝迹.2008年CMO即将在哈尔滨举行,振兴迫在眉睫,本书算是一个序曲,后面会有大型专业杂志《数学奥林匹克与数学文化》创刊,定会好戏连台,让哈尔滨的数学竞赛事业再度辉煌.

第三,这是一本源于“氛围”的书.很难想象速滑运动员产生于非洲,也无法相信深山古刹之外会有高僧.环境与氛围至关重要.在整个社会日益功利化、世俗化、利益化、平面化的大背景下,编者师友们所营造的小的氛围影响着其中每个人的道路选择,以学有专长为荣、不学无术为耻的价值观点互相感染、共同坚守,用韩波博士的话讲,这已是我们这台计算机上的硬件.赖于此,本书的出炉便在情理之中,所以理应致以敬意,借此向王忠玉博士、张本祥博士、郭梦舒博士、吕书臣博士、康大臣博士、刘孝廷博士、刘晓燕博士、王延青博士、钟德寿博士、薛小平博士、韩波博士、李龙锁博士、刘绍武博士对笔者多年的关心与鼓励致以诚挚的谢意,特别是尚琥教授在编者即将放弃之际给予的坚定的支持.

第四,这是一个"蝴蝶效应"的产物.如果说人的成长过程具有一点动力系统迭代的特征的话,那么其方程一定是非线性的,即对初始条件具有敏感依赖的,俗称"蝴蝶效应".简单说就是一个微小的"扰动"会改变人生的轨迹,如著名拓扑学家,纽结大师王诗宬1977年时还是一个喜欢中国文学史的插队知青,一次他到北京去游玩,坐332路车去颐和园,看见"北京大学"四个字,就跳下车进入校门,当时他的脑子中正在想一个简单的数学问题(大多数时候他都是在推敲几句诗),就是六个人的聚会上总有三个人认识或三个人不认识(用数学术语说就是6阶2色完全图中必有单色3阶子图存在),然后碰到一个老师,就问他,他让王诗宬去问姜伯驹老师(我国著名数学家姜亮夫之子),姜伯驹老师的办公室就在他办公室对面.而当王诗宬找到姜伯驹教授时,姜伯驹说为什么不来试试学数学,于是一句话,一辈子,有了今天北京大学数学所的王诗宬副所长(《世纪大讲堂》,第2辑,辽宁人民出版社,2003:128-149).可以设想假如他遇到的是季羡林或俞平伯,今天该会是怎样.同样可以设想,如果编者初中的班主任老师是一位体育老师,足球健将的话,那么今天可能会多一位超级球迷"罗西",少一位执着的业余数学爱好者,也绝不会有本书的出现.

第五,这也是一本源于"尴尬"的书.编者高中就读于一所具有数学竞赛传统的学校,班主任是学校主抓数学竞赛的沙洪泽老师.当时成立数学兴趣小组时,同学们非常踊跃,但名额有限,可能是沙老师早已发现编者并无数学天分所以编者没有被选中.编者再次申请并请姐姐(在同校高二年级)去求情均未果.遂产生逆反心理,后来坚持以数学谋生,果真由于天资不足,屡战屡败,虽自我鼓励,屡败再屡战,但其结果仍如寒山子诗所说:"用力磨碌砖,那堪将作镜."直至而立之年,幡然悔悟,但"贼船"既上,回头已晚,彻底告别又心有不甘,于是以业余身份尴尬地游走于业界近15年,才有今天此书问世.

看来如果当初沙老师增加一个名额让编者尝试一下,后再使其知难而退,结果可能会皆大欢喜.但有趣的是当年竞赛小组的人竟无一人学数学专业,也无一人从事数学工作.看来教育是很值得研究的,"欲擒故纵"也不失为一种好方法.沙老师后来也放弃了数学教学工作,从事领导工作,转而研究教育,颇有所得,还出版了专著《教育——为了人的幸福》(教育科学出版社,2005),对此进行了深入研究.

最后,这也是一本源于"信心"的书.近几年,一些媒体为了吸引眼球,不惜把中国在国际上处于领先地位的数学奥林匹克妖魔化且多方打压,此时编写这本题集是有一定经济风险的.但编者坚信中国人对数学是热爱的.利玛窦、金尼阁指出:"多少世纪以来,上帝表现了不只用一种方法把人们吸引到他身边.垂钓人类的渔人以自己特殊的方法吸引人们的灵魂落入他的网中,也就不足为奇了.任何可能认为伦理学、物理学和数学在教会工作中并不重要的人,都是不知道中国人的口味的,他们缓慢地服用有益的精神药物,除非它有知识的佐料增添味道."(利玛窦,金尼阁,著.《利玛窦中国札记》.何高济,王遵仲,李申,译.何兆武,校.中华书局,1983:347).中国的广大中学生对数学竞赛活动是热爱的,是能够被数学所吸引的,对此我们有充分的信心.而且,奥林匹克之于中国就像围棋之于日本,足球之于巴西,瑜伽之于印度一样,在世界上有品牌优势.2001年笔者去新西兰探亲,在奥克兰的一份中文报纸上看到一则广告,赫然写着中国内地教练专教奥数,打电话过去询问,对方声音甜美,颇富乐感,原来是毕业于沈阳音乐学院的女学生,在新西兰找工作四处碰壁后,想起在大学念书期间勤工俭学时曾辅导过小学生奥数,所以,便想一试身手,果真有家长把小孩送来,她便也以教练自居,可见数学奥林匹克已经成为一种类似于中国制造的品牌.出版这样的书,担心何来呢!

数学无国界,它是人类最共性的语言.数学超理性多呈冰冷状,所以一个个性化的、充满个体真情实感的后记是必要的,虽然难免有自恋之嫌,但毕竟带来一丝人气.

卞美编的精美插图为全书注入了人文气息,责任编辑李广鑫女士的一丝不苟使全书更添严谨,一并感谢.

刘培杰
2006 年 6 月

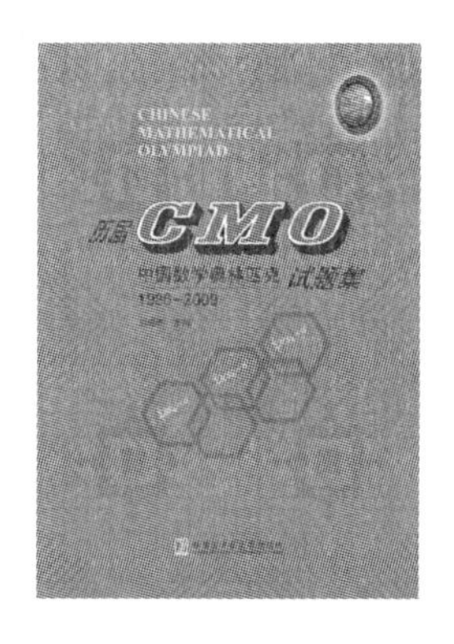

历届CMO试题集

刘培杰

内容简介

全国中学生数学冬令营是在全国高中数学联赛的基础上进行的一次较高层次的数学竞赛，后改名为中国数学奥林匹克. 本书汇集了第1届至24届中国数学奥林匹克竞赛试题及解答，适合于数学奥林匹克竞赛选手和教练员、高等院校相关专业研究人员及数学爱好者使用.

序　言

在首届数学冬令营上的讲话①

吴大任

同学们：

我非常高兴和你们见面. 数学这个共同的爱好把我们聚在一起了. 你们不但对数学有较浓厚的兴趣，而且已经表现出了对数学有较高的才能. 可以肯定，你们当中的绝大多数将要在

① 本文是吴大任1986年1月21日对全国数学冬令营营员的讲演词.

数学方面继续深造,并且运用这个有力工具为四化服务.我祝愿你们在建设有中国特色的社会主义中,做出自己的贡献.

(一)数学的巨大作用

我们有理由为数学有巨大作用而自豪.

时至今日,数学已经无所不在.基础科学和技术科学中,自然科学和社会科学中,数学的应用越来越广泛.可以说,数学的应用方兴未艾.数学对自然科学包括理论科学和技术科学的重要性,人们都比较了解.我只简略谈谈数学应用于经济学的一些情况,作为它渗入社会科学的一例.数学的许多分支,它的丰硕成果,都用到经济学里去了.数学和经济学相结合,甚至产生了像数理经济学、计量经济学这样的自成体系的交叉学科.从1969年到1981年,13次的诺贝尔经济学奖中,就有7次可以看成是对应用数学颁发的,其中一次是苏联数学家获得的,他为处理经济问题创立了一项新方法,并得到成功.

18世纪德国大哲学家康德说过:"我坚决认为,任何一门自然科学,只有当它数学化之后,才是完备的."那时候,即使在自然科学中,数学的应用也还不广泛,他能有这样的预见,是难能可贵的.马克思对康德这句话十分欣赏.康德那个时候,还不能预见到数学对社会科学的作用.现在康德的预言已经实现,而且对社会科学也在实现中.有人甚至说,人文科学也可能数学化.

(二)数学应用广泛的根本原因

为什么数学有那样大的威力呢?最根本的原因是,数学研究的对象是空间形式和数量关系,而这两者正是客观世界一切事物共同的基本要素.所以柏拉图说:"数学是现实世界的真髓."19世纪一位数学家说:"数学是科学的语言."这都是对数学本质的很好概括.

数学来源于实践,这和一切科学没有什么不同.所不同的是,别的科学必须研究事物的具体性质,或多或少,涉及它们的某些方面的特殊性,而数学则只研究它们的共性,并且把这些共性抽象化,把其中规律加以高度概括.我们说"一加二等于三",不说"一本书加两本书等于三本书".我们说,圆周长等于圆周率乘直径,不管是圆桌边还是地球赤道.由于这个原因,数学就有自己的概念符号以及表达其规律的特殊方式.数学家对客观事物的形状和数量中的五花八门的关系进行分析,找出其中少数最简单而基本的作为公理,然后从公理出发,通过严格的逻辑推理来得到其他关系.这些概念、符号、表达形式等放在一起,就成为数学语言.无论自觉或不自觉,我们都是这样做的.其结果,就是从比较简单的关系,推得比较复杂的关系.数学以及它的各个分支就这样逐步建立起来了.

数学来源于实践,而在数学推导中,又不联系到它的实际内容,这不是脱离实际,恰恰相反,这使得它的结论会有最广泛的(也许是潜在的)实际应用.与此同时,数学家对所得到的结果通过分析综合,找出其内在联系,整理成一定的体系,并逐步使它成为完善的逻辑结构.对于这种过程,我们就常说:数学内部的矛盾促使它相对地独立于实践而发展.历史上一个著名的例子,就是非欧(几里得)几何的发现.在欧几里得《几何原本》出世之后,无数的数学家考察了它里面的公理体系.在这些公理中,有一个现在称为平行公理的第五公设.它本质上是说:已给一条直线和不在它上面的一点,恰好有一条直线经过所给点而平行于所给直线.人们希望从其他公理推得平行公理,但一切尝试都失败了.经过了两千多年,在19世纪,人们终于认识到平行公理和其他公理是完全独立的,如果用另一个公理来代替平行公理,具体地说,假定有两条直线经过所给点而和所给线不相交,就得到了和欧几里得几何不同,但在逻辑上完全不含任何矛盾的双曲几何学,这就是两种非欧几何学之一(另一种非欧几何叫作椭圆几何).起初,许多人不承认双曲几何,又过了几十年,才彻底证明了双曲几何和欧氏几何在逻辑上有同等的地位.到20世纪初,狭义相对论创立,闵可夫斯基几何对相对论提供了天然的几何阐述,它和非欧几何的理论基础联系密切,非欧几何的实践意义才获得进一步承认.

另一方面,微积分和几何相结合,产生了微分几何.就在非欧几何出现后不久,黎曼推广了高斯关于曲面的成果,建立了黎曼几何,它成为广义相对论的基础.广义相对论的出现,促使近代的伟大几何学家E.嘉当用十年时间来研究各种联络的空间,这些研究后来导致陈省身等创立纤维丛理论. 物理学家杨振宁说:"我所惊叹的是,(物理中的)规范场恰好就是纤维丛上的联络,而后者是数学家没有参照物质世界所发展起来的."在我们看来,这是十分有意思的事例,但并不奇怪. 因为数学既然是从实际中来的,它本质就是联系着实际的. 在它的自我完善中,有时似乎是离实际很远,但联系着它和实际的纽带并没有完全割断,它的成果,有朝一日又能用来说明或解决实际问题,就是很自然的了. 可以认为,纤维丛和规范场的同一性是客观世界统一性的反映.

上面举的例子也表明,数学(包括其中最抽象的部分)是如何和其他学科交织在一起,互相作用、互相促进的,而这也是数学发展最重要的动力之一. 伟大的数学家希尔伯特说过:"只要一门(数学)分支能提出大量的问题,它就充满着生命力;而问题的缺乏,就预示着独立发展的中止."数学的问题是哪里来的? 一部分来自它的内部矛盾,但更多的则来自实践. 应用数学大师、现代计算机的创始人冯·诺伊曼说:"大多数最美妙的灵感来源于经验."就是这个道理. 数学和实践是有直接联系的,优选法就是一例,但更多的是间接的,是通过其他科学建立联系. 著名数学家 F. 克莱因指出:"最伟大的数学家,像阿基米德、牛顿和高斯,总是把理论和应用等量地糅合在一起."其实,不止数学家,历史上其他伟大的科学家也总是不同程度上把自己的学科和别的学科相结合的. 可以说,当一门科学和其他科学割裂的时候,它发展就相对地慢,而当它和别的学科结合的时候,它发展就快. 当前,不同科学的结合,产生了难以尽数的交叉学科,这是现代科学发展的一个特点,也是现代科学之所以迅速发展的一个重要因素. 本来,客观世界是一个统一体,反映客观世界的科学也应当是统一的. 分成不同学科是为了研究的便利. 把不同学科相结合,在一定意义上就是部分地还其本来面目. 这样看,交叉学科之富有生命力就不足为奇了. 苏东坡咏庐山诗:"横看成岭侧成峰,远近高低各不同,不识庐山真面目,只缘身在此山中."要认识庐山真面目,就要坐上飞机,要认识地球真面目,就要坐上航天飞机. 瞎子摸象,有很大局限性,但如果多摸几个部位,也能对大象的轮廓获得较多的了解.

话说远了,让我们回到本题.在学科与学科的结合中,数学处于非常特殊的地位.因为数学可以和一切其他学科直接结合,而它又是打开科学大门的钥匙,没有它就难以深入到事物的本质.数学和其他学科结合,产生了应用数学;和不同学科结合,就有不同的应用数学.数学本身也还是一个整体,“分家”仍然是为了研究的便利.有人出于个人的爱好,认为只有纯粹数学是好的或漂亮的,而把应用数学说成是坏的或不漂亮的数学,这是不公正的.从逻辑体系看,纯粹数学是基础,应用数学是派生的;但从实践观点看,谁也离不开谁,就像一棵树的根、躯干和枝叶那样.

(三)中国数学的状况

现在我想谈谈中国的情况.

我们都知道,我国古代数学和其他科学都有着光辉的成就,许多成果比外国早得多.到近几百年,西方后来居上,把我们远远抛在了后面.我国老一辈的数学家努力把现代数学移植到国内,使它生根发芽,工作是很艰苦的.移植,首先是培养人,其次也做些研究工作.但是,在那时的半封建半殖民地社会,生产建设规模小,战乱频繁,数学工作者的活动范围基本上限于纯粹数学研究,工作也只能是零散的.中华人民共和国成立以后,形势有了根本改变,数学工作者们感到有用武之地了.特别是从1956年制订科学规划起,不但纯粹数学,应用数学也受到了重视,特别是1958年展开的“教育革命”,强调了理论联系实际,许多数学工作者大搞应用研究,有些纯粹数学的转到了应用数学方面.这是好现象.缺点是基础数学受到了削弱.三年困难时期过后,情况有所转变,可惜好景不长,又发生了“文化大革命”.培养人的工作停顿了,科研工作中止了,只有个别可以直接取得经济效益的数学应用,还能进行一些.这样,数学和其他科学一样,中华人民共和国成立后本来在缩小的同先进国家的差距,又拉大了.

“文化大革命”结束,开始了中国的历史新篇章,也开始了数学教育和科研的新篇章.和国外交流的增加,使我们对自己的差距有了比较明确的认识.这激励我们非全力以赴地赶上去不可,而中央四个现代化的要求和十一届三中全会以后的英明决策,又创造了能够赶上的条件.几年来,中国数学会组织了四次全国性会议和为数众多的专业会议.前后比较,我高兴地看到,大批年轻有为的数学家正在迅速成长.我们的研究工作和国际上前沿工作的联系,也明显地多起来了.我们的信心大为增强,我们的前途无比光明.

但是,必须清醒地估计我们的现状.我们的数学队伍已经不小,但和先进国家比,还不够壮大.总的来说,质量还不够高.我们的研究成果,有的居于前列,个别的处于领先地位,但面还不够宽,而且还有缺门.我们多数的研究课题,涉及的面较窄,因而没有足够的分量.这些都是现阶段难以避免的.无论我的这些估计对或不对,都应当这样看:认识差距,才能缩短以至消灭差距.

有一个现象不能不引起我们特别关注,那就是,人们对数学重要性的认识还缺乏深度.我们对数学事业的支持还有待加强.例如在高等学校,数学以外的专业还没有开设足够的数学课程(包括选修课程),以满足部分有较高数学才能的学生的要求.包括数学专业在内,急于求专、忽视基础的现象还严重存在.基础不宽不牢,提高就要受到限制.近几年来,高考中报考数学(还有物理)专业的很不踊跃.这个现象如果不改变,其后果将是很严重的,我们不应当要求有数学才能的青年都去学数学,但是,中国如果没有一定数量的高水平数学家,我们的科学技术就不可能立足于国内.

造成这些令人不安的情况,原因是多方面的,在这里我不进行全面分析.我只谈谈数学重要性为什么不易为人们所充分了解.首先,它的语言是非大众化的.对于专家来说,这种语言有利于准确地表达抽象而带高度概括性的数学概念和关系.遗憾的是,其发展趋势离大众化不是越来越近而是越来越远.我现在感到,这个矛盾很难统一.我希望有人能用大众化的语言来阐明现代数学,只要说得明白而准确,哪怕啰唆一点也行.其次数学直接应用的少,间接应用的多.数学通过别的学科应用于实际,人们往往归功于那个学科而忽略了数学的作用.这个时候,数学便成了无名英雄.“英雄”,因为没有它不可;“无名”,因为“论功行赏”时,它没有份.数学是不声不响地渗入科学技术各个领域的.在这方面,我们特别应当感谢不久前去世的华罗庚同志.他搞了那么多带来直接经济效益的数学应用,又写了那么多数学普及读物,对帮助人们认识数学起了很大作用.

了解过去和现状,才能规划未来.我讲这段话是要说明:第一,我们数学目前和世界先进水平的差距还是不小的;第二,要避免重复过去对纯粹数学和应用数学认识的片面性;第三,要宣传数学的巨大作用.在强调经济效益的今天,最后一点是特别重要的.我们高兴的是,在中央的关怀和扶持下,我们已经有了科学院的几个关于数学的研究所和北京大学、复旦大学、武汉大学等数学研究所,又把原来的南开大学数学研究所改组成“立足南开,面向全国,放眼世界”的南开数学研究所.我以为,成立这个所的目的,就是在国内建立一个和世界有较多联系的、培养现代数学人才和发展现代数学研究的基地.全国数学界正在紧密团结合作来把它办好.

(四)对同学的几点建议

同学们!为四化服务,你们可以把数学作为工具来从事其他专业的工作,也可以把数学作为自己的终身事业.在后一种情况下,你们可以成为纯粹数学工作者,也可以成为应用数学工作者.那么在学习和研究数学中,有哪些需要注意的问题呢?我想提几点建议,供大家参考.

首先,要尽可能把基础打得宽广些、扎实些.这是老生常谈了.在这里所谓基础数学包括分析、代数和几何.许多年来,几何没有受到应有的重视,这是不恰当的.因为这三方面也是互相联系,互相促进的,不能偏废.许多数学家,包括希尔伯特在内,都曾强调过几何的重要性.

在现代物理中,几何的作用更是突出的.

我们不能搞实用主义,特别是对基础数学,不要认为有用的就学,用处不明显的就不学.现在,在国内、在苏联,都开始注意到这个问题,都在适当加大几何和代数的比重,并且开始尝试把这三个分支在一定程度上结合起来讲授. 我所谓扎实,就是掌握好基本概念和方法,培养自学能力、分析能力、运算能力、逻辑推理和逻辑表达等能力. 要创造性地学习,要做书本的主人,不做书本的奴隶,还要学习查文献. 这些要通过实践环节来逐步达到. 基本功扎实了,就能够通过自学来学到在课堂上没有学到的东西,否则就会在业务上停滞不前,更谈不上创新.

对于有志从事应用数学的人,当然要兼顾某一门或更多门其他学科,这是不在话下的. 现在不是有双学位制吗? 这是个好制度. 在一个专业毕业,再作为另一个专业的研究生继续学习,也是发展应用数学的一种方式. 据我了解,许多应用数学家是纯粹数学家出身的,因为学数学的兼学别的学科比较容易,反过来就比较困难.

对于有志从事纯粹数学工作的人,最好也能学点别的学科. 在数学内部,也力求知识面宽一些,经典的要学,现代的也要学. 英国著名数学家阿梯亚说:"数学像是发育中的机体,它同过去以及同其他学科的联系是历史悠久的." 数学内部的横向联系,当然也是这样. 数学家常常意外地发现各个数学分支之间有许多相似的地方;它们是可以互为工具、互相启发的. 1983 年三个菲尔兹奖获得者(其中有一位是丘成桐) 都是由于他们在几何和分析的交叉领域中的工作而被评上的. 这当然有偶然性,但偶然性是寓于必然性之中的. 伟大的数学家往往是精通几个分支的,但这不妨碍他以其中一两个分支为主.

为了扩大知识领域,扩展视野,我们提倡交朋友,交同行朋友,也交不同行的朋友. 南开数学所每年确定一两个研究方向,各年方向不同,年年邀请有关方面的国内外专家来进行研究和学术交流,这是我们的数学工作者广交朋友、扩大视野的好机会.

其次要分清当前数学研究的主流和支流. 主流就是最活跃的研究领域,问题最丰富的领域. 主流不是国内一段时间在"业余数学家" 中出现的热门,像一个时期的四色问题、哥德巴赫问题之类. 年轻同志在主流中选题较容易学到新概念、新方法、新成果,也较容易做出有意义的结果. 非主流的东西也可以做,但不能成为多数人的主攻方向. 学点数学史,了解数学的过去和现状,了解它的发展规律,也便于识别主流和支流.

第三,要不懈地、勤奋地工作.我非常欣赏"天才来自勤奋"这句话.人的天赋是有所不同的,但是天赋好的不少,科学上取得好成就的相对不多,起决定作用的还是勤奋.我还非常欣赏体育界流行的一句话"从头开始".不因胜利而骄傲自满,不因失败而丧失信心.在座的同学在数学竞赛中取得好成绩,现在也要"从头开始".在一切工作中,总有成功和失败,在数学研究中更是失败多于成功,失败提供反面经验,而有些反面经验比正面经验更宝贵.

任何重大成就都不是侥幸得来的.牛顿看到苹果落地而发现万有引力,瓦特看到水壶中的水烧开后把壶盖掀起而发明蒸汽机,这种传说是很片面的.有人把这叫作"灵感",那么这种灵感就来自长期的观察和深入思考,而不是凭空突然产生的.许多人都有这样的经验:当他对一个问题钻研很久,碰到困难,解决不了时,他在休息当中或者休息以后会忽然发现解决问题的途径.有人会在半夜睡觉醒来的时候,或在卫生间里找出办法.英国数学家李特伍德说,他有不少问题是星期一解决的.我自己也有这样的经验,假期之后,常常容易获得研究的进展.这说明脑力劳动要"一张一弛".在紧张的脑力劳动之后,特别是遇到难以克服的困难时,就该休息一段时间,再把工作捡起来.这会提高效力.

同学们!陈省身教授认为,到20世纪末,中国可能成为数学大国.这是有根据的.历史和现状都证实,中国人是有数学才能的,我们又处在中华人民共和国成立以来政治经济最好的时期.到1990年,你们大学毕业,到20世纪末,你们已从事科学工作十年.那时我国要达到小康水平,成为数学大国,都包含着你们的贡献.你们工作到八十岁,就到了21世纪中叶,可以预期,那时候中国在各个方面,包括数学在内,都会处于领先地位.这将是在座同学和全国人民一道奋斗的结果.

祝愿冬令营成功,同学们前途无量!

吴大任(Wu Daren,1908—1997),中国人.出生于天津市(祖籍广东省肇庆市).1930年毕业于南开大学;1933年赴英留学;1935 年获硕士学位;1935 年至 1937 年在德国汉堡大学进修积分几何;1937 年回国后先任武汉大学、四川大学教授,后任南开大学教授、教务长、副校长. 还曾任中国数学会副理事长.

吴大任在几何学方面做出了贡献. 他对三维椭圆空间的积分几何做了系统研究,并得到其中运动的基本公式. 他出版了《微分几何讲义》(人民教育出版社,1959) 等著作.

前 言

中学生参加数学竞赛对他们一生都有着深刻的影响,如印度天才数学家拉马努金,在高中阶段就经常赢得数学问题解决竞赛第一名,以至他的校长纳斯瓦米·耶耳(Krishnaswami Iyer) 在 1904 年授予他"K. 郎迦纳萨. 桡(K. Ranganatha Rao) 数学奖"时评价说:"拉马努金是如此出色,满分也不足以说明."非线性科学中的最为大众所知晓的通俗解释是"蝴蝶效应",即非线性系统的输出对初始条件有敏感依赖性(就是古语所云:差之毫厘,谬以千里). 从人的成长来看人的童年和少年的经历就类似于初始条件,而人成年后的行为则类似于数学中函数 n 次迭代结果,而人生显然是非线性的(线性行为多为决定性的,而非线性以非决定居多),我们来看一个典型的与数学竞赛有关的蝴蝶效应.

卡尔·波莫伦斯(Carl Pomerance) 在美国读高中时参加了一次数学竞赛,其中有一道题目是要求分解 8 051,并要求在 5 分钟之内完成,而当时还没有微型计算器,虽然波莫伦斯长于心算,但他决定首先看看,是否可以找到一个巧妙的捷径,而不是通过一个一个地尝试来找到答案,他回忆说:"我用了两分钟左右寻找新方法,逐渐地我觉得自己浪费了太多时间,我开始变得焦急,于是重新开始尝试可能的因子,但由于时间浪费太多,我没有做出这道题."

分解 8 051 的失败,激起了波莫伦斯一生对于快速分解整数方法的研究,并最终发明了"二次筛选法". 1994 年 4 月,两位数学家阿仁·兰斯特拉(Arjen Lenstra) 和马克·玛纳斯(Mark

Manasse）使用波莫伦斯的“二次筛选法”，集合了24个国家数百台计算机的威力，加上8个月的实时计算终于破解了MIT三剑客RSA，即罗恩·瑞威斯特（Ron Rivest）、莱昂纳德·阿德曼（Leonard Adleman）和阿迪·沙米尔（Adi Shamir）提出的挑战RSA129，而三剑客开始估计需要4×10^{16}年才能破解.

从8 051到RSA129就是从数学竞赛到数学研究的过程.

类似的例子很多，如领袖数学家法国的庞加莱（Henri Poincaré）在1871—1872学年的全面基础数学竞赛中获得了头等奖；1872—1873学年他进入了特殊数学班，并再次获得全面竞赛的头等奖. 这使得他对数学产生了浓厚的兴趣，最后成为一代大师.

在青少年成才的规律中还有一个皮格马利翁效应，即人们期待你成为什么样的人你就会成为什么样的人. 现在密码学中最热门的话题是椭圆曲线，这些曲线由具有特殊形式的方程所定义，并在安德鲁·怀尔斯关于费马大定理的证明中处于核心地位，它们已经作为一种快速地将整数分解为素数的方法进入了密码学世界，华盛顿大学西雅图分校的尼尔·柯布利兹（Neal Koblitz）在20世纪80年代中期就研究利用椭圆曲线来进行加密.

作为一名资深的数学家，柯布利兹对数学有很高的热情，他回忆说那是由童年时期意外发生的一连串偶然事件引起的：

> “当我6岁时，我们全家在印度的巴罗大（Baroda）待了一年，那里学校对数学的要求比美国的要高许多，第二年当我返回美国时，我已经超过同班同学一大截，我的老师误认为我对数学有特殊天分. 就像其他一些容易在头脑中形成的错误概念一样，这种错觉逐渐变成了一种自我实现的预言. 我从印度回来之后受到的所有鼓励，促使我走上了数学家的道路.”

我们必须强调一点，任何形式的考试都只能判断出一个人是否优秀但不足以判断一个人是否是天才. 例如法国心理学家比奈(Alfred Binet,1859—1911)发明的智商测试方法在一段时间内被公认为比较科学,但是数学界的领袖人物庞加莱在数学和科学创造与普及方面的影响都达到巅峰时,曾参加了一组比奈智力测试,他的表现大失水准,被判为傻子,人们把这归结为天才通常比测试的发起者或组织者看问题更深远,所以有些数学家也考不过中学生.

另外,参加数学竞赛越早对其一生的影响越深远,这并不是像张爱玲所说的"成名要趁早",而是因为中学阶段正是观念形成的重要时期.

意大利解析数论专家邦比里(Enrilo Bombieri)对黎曼假设的成立有一种绝对的信心,这像是一种宗教的信仰."如果它不正确,那么整个世界都将崩溃,因此它必须正确."为此邦比里详细地描述了这点:"当我在十一年级的时候,我读过一些中世纪哲学家的东西,其中一位叫奥卡姆(William of Occam).他提出过一个思想,当我们必须在两种解释中选择一个的时候,总是应该选简单的那一个.这就是奥卡姆剃刀的原则,排除困难的,选取简单的."对邦比里而言,落在临界线之外的零点就像是管弦乐队中某件乐器"掩盖了其他乐器的声响——这是一种非美学的情形.作为奥卡姆剃刀的忠实信徒,我拒绝接受这个结论,因此我相信黎曼假设是正确的".

对于国际中学生数学奥林匹克,陈省身说:"这项竞赛的难度是高中程度,不包括微积分,但题目需要思考,我相信我是考不过这些小孩子的.因此有人觉得,好的数学家未必长于这些考试,竞赛胜利者也未必是将来的数学家.这个意见似是而非.数学竞赛大约是百年前在匈牙利开始的,而匈牙利产生了同它的人口不成比例的许多大数学家."在匈牙利那些大数学家中没有参加过数学竞赛的只有两位——爱尔特希和冯·诺伊曼,而这两位据说都是因为竞赛时没在国内.(陈省身.怎样把中国建为数学大国.原载《数学传播》第14卷第4期,1990年12月)

在许多公开的数学竞赛中,学生并不一定会输给职业数学家,例如在全世界范围的寻找大素数的竞赛中,开始是数学家领先,如著名数学家罗宾逊的丈夫拉非尔·罗宾逊,他在伯克利的数学家们的协助下,在一台由小莱默建造的叫作标准西部自动计算机

(Standards Western Automatic Computer)上发现了一个大梅森素数$2^{2281}-1$，而一位加拿大的学生麦克尔·卡梅隆(Michael Camevon)1个人仅用个人计算机就证明了$2^{13466917}-1$为素数，这是一个超过400万位的数.

对于想进一步学习数学的学生参加数学竞赛是大有益处的.陈省身教授说："我们每年派去参加国际数学奥林匹克数学竞赛的中学生都很不错.虽然中学里数学念得好将来不一定都研究数学，但希望有一部分人搞数学，而且能有所成就.昨天，我和在北京的一些数学竞赛中获奖的学生见面，谈了话.我对他们说，搞数学的人将来会有大的前途，10年、20年之后，世界上一定会缺乏数学人才.现在的年轻人不愿念数学，势必造成人才短缺.学生不想念数学也难怪，因为数学很难，又没有把握.苦读多年之后，往往离成为数学家还很远.同时，又有许多因素在争夺数学家，例如计算机.做一个好的计算机软件，需要很高的才能，很不容易，不过它与数学相比，需要的准备知识较少.搞数学的人不知要念多少书，好像一直念不完.这样，有能力的人就转到计算机领域去了.也有一些数学博士，毕业后到股票市场做生意，例如预测股票市场的变化.写个计算机程序，以供决策使用，其收入比大学教授高得多了.因此，数学人才的流失，是世界性的问题."(科技导报.1992年第11期)

10多年过去了，陈老的话应验了，数学人才成了稀缺资源，特别是高端的数学人才.当然部分原因是我们国家选拔人才的途径还比较少.数学竞赛官方承认的只有初、高中全国数学联赛几种，而像美国类似的大奖却有很多，如英特尔科学与工程大奖赛(Intel ISEF，从原来的西屋奖改来，原名为Siemens Westinghoues Science and Technology Competition)，它是美国历史最悠久的一项高中科学竞赛，该科学奖常常成为高中生进入哈佛、耶鲁等名牌大学的"录取通知书"，人们将该奖项看作是未来科学家的摇篮，自该奖设立以来的54年间，获奖者中已有30人成为美国国家科学院院士，5人获诺贝尔奖.2006年获奖者是年仅16岁的美国加州少年迈克尔·维斯卡尔迪(Michael Viscardi)，他凭借对一个历史悠久的数学难题——"迪利克雷(Dirichlet)问题"的全新解法获奖，并斩获高达 10 万美元的奖学金.

在英国也有类似的科学竞赛,优秀选手层出不穷. 1991 年 1 月《泰晤士报》刊登了一篇头版文章,标题是"少女破解电子邮件密码". 这项成就为爱尔兰少女萨拉 · 弗兰娜瑞(Sarah Flannery)获得了一项科学竞赛的奖励. 弗兰娜瑞以一篇长达 50 页题为《密码研究 —— 一种与 RSA 相对的新算法》(*Cryptography: A New Algorithm Versus the RSA*)的报告获物理、化学和数学类第一名,并荣获大赛全能奖,被提名为 1999 年"爱尔兰年度青年科学家". 1999 年 9 月. 弗兰娜瑞又以一篇题为《密码学 —— 和 RSA 相对的一种新算法的研究》(*Cryptography: An Investigation of a New Algorithm Versus the RSA*)的报告被提名为 1999 年欧洲青年科学家,获得了 5 000 欧元的奖励并参加了在瑞典举行的诺贝尔颁奖典礼.

不过在中国这个不足正在开始弥补. 2008 年 3 月 26 日,在北京隆重地举办了"丘成桐中学数学奖"启动仪式,这是丘成桐先生提议并得到泰康人寿保险响应的一个面向全球华人青少年的大赛. 希望通过专题研究,培养新一代中学生的数学素养,引发青年人探索知识的兴趣及提升他们的创新能力. 第一届"丘成桐中学数学奖"颁奖仪式定于 2008 年 10 月 24 日在北京举行,届时美国哈佛大学、布朗大学等名校的本科招生主任将会出席,并面试部分获奖学生.

本书是刘培杰数学工作室继成功推出《历届 IMO 试题集》之后的续集,按下来还会有《历届美国大学生数学竞赛试题集》《历届俄罗斯大学生数学竞赛试题集》. 这几本试题集的一个共同特点是先易后难,体现了这几种竞赛活动从幼稚走向成熟的过程,也表明选手们一代更比一代精. 前苏联数学不论是中学还是大学均领先于我们姑且不论,而美国单就数学竞赛而言是弱于中国的,但大学例外,其早期也不像我们想象的那样强.

美国早期的大学主要是为了训练神职人员,因而紧跟英国的计划,将他们的工作主要限制在拉丁文和希腊文,结果,即便是硕士学位的科学课程,也没有什么价值,1 700 年前美国产生的唯一数学硕士论文的标题是《圆面积可求吗》, 这篇论文

1693 年出现在哈佛大学,还好作者认为是可求的.

为了更清楚地看出早期美国大学数学的标准,我们找到了 1718 年耶鲁大学学士学位论文的若干题目,水平之低,可见一斑.

1. 任何给定的数乘以一个小数,其值减小,而除以一个小数,其值增大.

2. 被乘方的数可以从开方得到.

3. 给定三角形底和高,底角不能用含有正弦函数的公式表达.

4. 运用对数能精确求解三角问题.

5. 球体表面积是其最大圆周面积的 4 倍.

当然这并不能说明西方人不聪明没有学习数学的天分,而是说在当时并不重视这一学科. 有一则轶事是说,19 世纪英格兰数学家哈米尔顿发现四元数的热情鼓励着泰特(Peter Guthrie Tair,1831—1901),在剑桥大学当学生时,那儿的数学教授总被人嘲笑没有《圣经》知识,泰特和另一个学数学的同学决心为他们雪耻. 结果在接下来的两年里,他们相继赢得了《圣经》知识竞赛的一等奖. 就是说学数学的人素质是有的,关键是是否重视. 早年东西德国未合并之前,东德在 IMO 一直是屈居末位. 后来当时的执政党专门开了一次政治局会议研究这一问题,结果第二年就跃居首位.

目前社会上有些人将数学奥林匹克妖魔化,这并不足怪,因为纵观历史我们发现对数学的轻视、敌视也曾反复出现,如中世纪宗教领袖奥古斯丁就曾说过:“好的基督徒应该警惕数学家和所有制造空洞预言的那些人,危险已经存在,数学家已经与魔鬼结盟,要一起来败坏灵魂,把人们禁闭在地狱.”

4 世纪时,在罗马皇帝的法典中有:“任何人都不要向占星士和数学家请教.”在 6 世纪的法典中也有一条“关于凶犯、数学家和类似的人”的法律. 将凶犯和数学家并列是对数学最大的不敬,而现在社会上也有人将奥数和杂技并列,其实奥数是社会留给天才人物的一架后楼梯,否则类似拉马努金那样的超级天才只能偶然地被哈代发现而别无他途.

会解难题是数学天才的最显著特征,以至于好莱坞的编剧们都知道这一点.

由马特·戴蒙担任主演的好莱坞电影《心灵捕手》(*Good will Hunting*)讲的是一个出生于劳苦家庭的野孩子,在剑桥的后街里巷中长大.他是麻省理工学院的门房警卫,没事的时候常与地痞流氓厮混,打架斗殴.然而麻省理工学院的教授们却吃惊地发现,这个市井小地痞实际上是个数学天才,对于看似纠缠不清的数学难题,他能够一挥而就地写出答案.意识到这个野小子已经自己学完了高等数学以后,其中一个教授脱口而出地说他就是"下一个拉马努金".

任何一个高中生如果仅凭自己能独立解出本书中的全部题目,那他也很有可能就是下一个拉马努金,我们期待发现他.

原定本书由吴康先生作序,但因吴先生身体有恙,故由我代之.

刘培杰

2008.8.20

后记

明末清初思想界巨擘顾亭林曾云:"一为文人,便无足观."以古律今,可知此语实为平凡而不朽之真理,尤其是放在那些无力提出新定理和新证明而一味整理已有结果和解法的数学及数学竞赛界的二线人员身上,这更是"一语成谶"式的宿命.以编者逾20年从事奥林匹克数学的教学和研究的切身体会感到:对于一个学习数学的人而言,把研究数学奥林匹克作为他的一份业余爱好会是很享受的,因为它会让你接触到最优秀的中学生,也会使你全面了解与之相关的数学的各个分支,而不像职业数学家那样将毕生精力都投入一个相对狭窄的领域甚至是一个猜想上,但要是把研究数学竞赛当作他自己谋生的饭碗,则是真正的臆想,因为在大学里并没有这样的岗位存在.

在编写此书的过程中我回想起了30年前我在学生时代所买到的第一本试题集,是科学普及出版社出版的全国数学竞赛委员会编的《全国中学生数学竞赛题解》(1978年出版,定价仅0.30元),当时我最愿意读的是华罗庚先生所写的序言和附录,直到现在编者还清楚地记得当时由国务院副总理方毅担任全国数学竞赛委员会名誉主任，中国科学院副院长、中国数学会理事长华罗庚担任主任，当时的竞赛一等奖共五名，他们分别是上海鲁迅中学的李骏，北京第42中的严勇，北京大学附中的胡波，广州第95中学的王丰和59中学的曹孟麟，受当时政治气候的影响还统计出来在全国择优录选的59名优胜者中，出生于劳动人民家庭的占95.6%.

编者受青年数论专家曹珍富先生（现为上海交通大学教授）影响，曾一度对数论很感兴趣，特别是不定方程（也称丢番图方程），这就自然要读到莫德尔（Louis Joel Mordell）的著作，也了解了一些他的轶事. 英国著名数论大师、丢番图分析专家莫德尔1971年在《美国数学月刊》（11月号）上发表了他的回忆文章《一个80岁数学家的回忆》，他回忆说：

> "大约14岁进入高中之前，我在费城有名的里尔（Leary）书店的5美分和10美分特价书柜台偶然看到了一些旧的代数书. 不知什么原因，这个学科吸引了我. 其中一本书是哈克雷（C. W. Hackely）的《论代数》，作者在1843—1861年间是当时纽约市哥伦比亚学院的教授. 我看到的是1849年第3版（第1版出版于1846年）. 那真是一本好书，虽然不太严密，但包含了大量的材料，包括方程理论、级数和一章数论. 同那个时代的老代数书一样，这本书有一章讲丢番图分析，这是我最感兴趣的主题. 我后来的许多最好的研究都是关于这个主题的，不能说和它没有关系，事实上，我最近写了一本关于这个题目的书，出版于1969年，即 *Diophantihe Equations*（New York Academic Press，1969）."

由此有一点可借鉴的是起一个好书名很重要，即使起不出那种神秘而又能吸引读者的书名，也不能起一个令人费解的书名，在这方面我们有一点教训，本系列丛书的第一本是《历届IMO试题集》，在数学竞赛圈人人都知道IMO是国际数学奥林匹克的英文缩写，即 International Mathematical Olympiad. 我们开始以为这个书名很清楚简洁,但随后问题来了,首先很多发行人员不知道这是一本关于什么的书,甚至以为是关于某个行业标准的考试用书,有的书店的售货员一开始也并不知道将它置于何处,其次有些家长和低级别的选手也不知道这个缩写,所以在销售上受到一定影响.

但有的时候一个略显生僻的书名倒是会吸引人注意.1996年商务印书馆出版了一本计算机与人工智能方面的大书,即霍夫斯塔特的《哥德尔、艾舍尔、巴赫——集异壁之大战》(英文书名为 *Gøödel, Escher, Bach: an Eternal Golden Braid*),霍夫斯塔特是国际著名人工智能专家,走上专业道路源于两本书,他在给欧内斯特·内格尔(Ernest Nagel)和詹姆士.R. 纽曼(Janles R. Newman)的《哥德尔证明》(*Gödel's Proof*)(新版)所写的序言中写道:

> "1959年8月,结束了在日内瓦一年的居留之后,我们全家回到了加利福尼亚州的斯坦福,那年我14岁,法语刚变流利,喜好各种语言,开始了解书写系统、符号以及语义的神秘,充满了对数学和思维奥秘的好奇.
>
> "一个傍晚,父亲和我去逛一家书店(门罗公园的开普勒书店).我不经意地看到一本薄书,有个神秘的书名叫《哥德尔证明》,我随手翻了一下,发现书中有许多诱人的图形和公式,其中一个脚注特别吸引我,它谈到引号、符号以及将其他符号符号化的符号,直觉地感到《哥德尔证明》好像注定和我会有某种关联,我想我必须买下这本书."

多年后功成名就的霍夫斯塔特又意外地收到纽约大学出版社的来函,问他是否可考虑为那本他十几岁时买到的书写一个新版序言,这就是出版的魅力和书的历史与轮回.

我们也一直期待着这样的奇遇和机缘,在哈尔滨的奥赛选手中已经出现了丘成桐先生的博士罗炜,成长为陶哲轩和佩雷尔曼式的大家指日可待.

其实除 CMO 外，在竞赛圈内还有许多缩略语，如 CGMO——中国女子数学奥林匹克，WCMO——中国西部数学奥林匹克，待成熟后我们也会出版相应的试题集．有人批评中国有些人言必称希腊，现在数学界则是一切向美国看齐，我们也无法免俗．

美国的几大中学生数学竞赛的简称分别是 AHSME，AIME，USAMO，具体情况是：在美国每年的2月下旬或3月初举行美国中学生数学竞赛即 AHSME，约 40 万人参加，满分 150 分．自 1983 年起，在该赛中得分大于或等于 100 分的学生被邀请参加3月下旬举行的美国数学邀请赛即 AIME，满分为15分，从参赛者所获得的 AHSME 得分 + 10 × AIME 得分选出大约150人参加4月下旬举行的美国数学奥林匹克即 USAMO（与 CMO 相当），满分为 100 分，并以 AHSME + 10 × AIME + 4 ×USAMO 的得分计算参赛者得分，选出 20 人组成美国数学奥林匹克国家集训队．

对于这样一本试题集，虽然解答均出自名家之手，但在排版、校对过程中疏漏还是难免的．

有人问哈佛大学的韦德（David Widder）："你对巴特曼（Buteman）的那本微分方程的书有什么看法？那是一本好书，是吗？""那本书啊！"韦德感叹道，"随便你翻到哪一页，随便指一句黑体印刷的陈述，我都能找出一个反例．"

我们希望别出现这样的问题便足矣了，最后向所有命题人、解答者表示感谢．

刘培杰

2008．9．1

历届加拿大数学奥林匹克试题集

刘培杰

内容提要

本书汇集了第1届至第42届加拿大数学奥林匹克试题及解答，并在附录部分提供了加拿大为参加国际数学奥林匹克准备的训练题.本书详细地对每一道试题进行了解答，且注重了初等数学与高等数学的联系.

本书适合于数学奥林匹克竞赛选手和教练员、高等院校相关专业研究人员及数学爱好者使用.

后 记

本书是一本工具书，搞数学奥林匹克研究的人可以当作资料收集，这一点世界各国都有此需求.前不久笔者所编的《历届IMO试题集》被韩国一家版权公司意向购买，这说明中国的奥数已像乒乓球一样开始输出了.

加拿大地大物博，但从数学方面来说是个小国，知名数学家不多.

以解析函数边界性质理论中詹金斯定理而著名的詹金斯(James Allister Jenkins，1923—2012)虽然在1923年生于加拿大的多伦多，但他却被视为美国数学家.精于统计学的弗拉塞(Donald Alexander Stuart Fraser，生于1925年)虽然被视为加拿大数学家，但他是在美国普林斯顿大学获得的数学博士学位.

真正由加拿大本土培养出的数学家是布鲁克(Richard Hubert Bruck,1914—　),他毕业于多伦多大学数学系,他专攻抽象代数,对表示论、张量代数、线性非结合代数、回路理论、射影平面及群论都有所贡献,但他后来也应邀赴美国,任教于威斯康星大学.

尽管加拿大数学水平较之于英、法、德、俄、美甚至于匈牙利与波兰都有一定的差距,但是较之中国却略胜一筹.我国著名的代数学家段学复院士早年间(1940—1941)在加拿大多伦多大学读的研究生.我国组合学家陆家羲(1935—1983)解决了一个多世纪前(1850年提出)悬而未决的柯克曼问题和斯坦纳系列问题,这一成果最先就是加拿大《组合数学》杂志的主编门德尔松给予肯定的,所以我们向加拿大同行学习还是应该和必须的.

这本试题集读之既不能用于高考,也对八股化的高中联赛无益,但它确实是好东西.2005年,英国伦敦大学玛丽女王学院的拉尔斯·希图卡教授做了一个实验,让一群从来没见过真花的蜜蜂在四幅色彩绚烂的名画复制品前飞舞,看看哪幅画能够以假乱真,迷倒蜜蜂飞去采蜜.结果,在同一时间内,蜂群飞向凡·高的《向日葵》146次,在上面停落15次,它以大比分打败了保罗·高更的《一瓶花》,帕特里克·考尔菲尔德的《陶器》和费尔南·莱热的《宁静生活与啤酒杯》,成为当年度蜜蜂最喜爱的花朵.

愿读者像蜜蜂一样能识别出书的品质高低!

最后感谢天津师大李建泉教授提供了部分英文原题,上海科技出版社田廷彦先生提供部分试题的翻译和解答.

刘培杰

2012年5月16日

于哈工大

历届美国数学奥林匹克试题集：多解推广加强

刘培杰

内容提要

本书汇集了第1届至第39届美国数学奥林匹克竞赛试题及解答.本书广泛搜集了每道试题的多种解法,且注重了初等数学与高等数学的联系,更有出自数学名家之手的推广与加强.本书可归结出以下四个特点,即收集全、解法多、观点高、结论强.

本书适合于数学奥林匹克竞赛选手和教练员、高等院校相关专业研究人员及数学爱好者使用.

编辑手记

1971年,美国纽约州立大学的一位女数学教授特尔勒(N. D. Turner),在美国数学会主办的著名数学刊物《美国数学月刊》(*The Amer. Math. Monthly*)上发表了一篇文章,大声疾呼:"为什么我们不能搞美国数学奥林匹克?"她提出美国应当搞水平相当于IMO的美国数学奥林匹克,并进而参加IMO.美国数学奥林匹克的试题不采用选择题,应当像IMO和东欧、英国等国的奥林匹克,出一些竞赛味道很足的题目,让学生深思熟虑,想出解答,并将语言组织好,清晰、准确地写在试卷上.美国中学数学竞赛可以作为美国奥林匹克的资格赛,其优胜者参加美国数学奥林匹克的比赛,而美国数学奥林匹克又是从美国中学数学竞赛到 IMO 的一座桥梁.

由于特尔勒及许多有识之士的促进,第 1 届美国数学奥林匹克(USAMO)于 1972 年开场. 接着,美国于 1974 年参加了 IMO 并取得了第 2 名.

美国在 IMO 中成绩非常之好,从 1974 年至 1988 年,始终位于前 5 名,其中三次第 1,四次第 2,三次第 3,一次第 4,两次第 5. 只是在 1988 年首次跌出第 5 名,屈居第 6 名(第 5 名是越南).(单墫著《数学竞赛史话》. 南宁,广西教育出版社,1990:26-27)

英国高等教育调查机构 QS 公司公布 2010 世界大学排行榜,英国剑桥大学排名第一,美国哈佛大学第二,亚洲地区排名最高的是香港大学,排名第 23.

由英国机构排名难免有王婆卖瓜之嫌. 美国的高等教育总体水平世界第一是举世公认的,特别是数学研究水平,但在美国的中学里,对擅长数学的孩子却是抱有偏见的,他们被人们认为不能适应社会,身体不协调,只对数学和其他让人生厌的东西感兴趣. 直到史蒂夫 · 奥尔森著的《美国奥数生》的出版才使人们摆脱了这种偏见.

被誉为下一个姚明的林书豪高中 GPA(平均成绩点数)4.2,SAT(学术能力评估测试)接近满分,9 年级就读完了相当于中国大学高数的数学 AP. 当然有人会说林是台湾人,有国人的数学天赋,但他的中学阶段毕竟是在美国度过的,而且美国教育界胸怀开放,不论哪的人才,均请来为我所用. 美国国家数学奥林匹克的总教练提图先生是来自罗马尼亚的中学数学教师,领队冯祖鸣来自中国天津的数学教育世家.

伴随着中国大陆高中生出国人数的快速增加,俗称美国高考的 SAT 考试如今在中国越来越热. SAT 考试是大多数美国大学评估入学申请人学术阅读能力、学术写作能力和基本数理推理能力的重要参考依据,而上述三项能力也是美国大学公认的确保学生大学阶段取得成功的最重要的能力.

中国学生在 SAT 考试中表现如何? 目前,杜克教育机构通过对北京、上海、天津、广东、江苏、河南、山西等地 40 多所国际学校和部分普通高中学生的调查,采集了2011年1月至2011年10月间形成的2 890份样本,发布了《2011中国SAT年度报告》(以下简称《报告》).

中国学生向来以数学好著称,但《报告》显示中国学生的数学实际分数仅为547分(满分800分),比美国学生的517分仅高出30分.《报告》认为造成这种现象的原因有两个:中国学生对与数学有关的英语词汇总体掌握欠佳;虽然美国高考中数学总体知识面比中国高中数学要窄,但是很多知识点考查得更有深度.

所以不要因为几次或几十次的IMO排名第一就沾沾自喜,我们的成功一是群众基础广,二是举国体制,这两点都是世界其他国家所无法拷贝的.所以这不是中国中学数学教育的真正成功.

柳传志有一段论述很精辟:

> "当两只鸡一样大的时候,人家肯定觉得你比他小;当你是只火鸡,人家是只小鸡,你觉得自己大得不行了吧,小鸡会觉得咱俩一样大;只有当你是只鸵鸟的时候,小鸡才会承认你大.所以,千万不要把自己的力量估计得过高,当我们还不是鸵鸟的时候,说话口气不要太大."

另外一个需要反思的问题是我们拥有世界上数量最多的IMO金牌,但为什么没有产生一位本土的菲尔兹或沃尔夫奖得主呢?

我们的奥数培训对大多数学生和家长而言是一段痛苦之旅,而对美国学生则是好奇之旅、文化之旅.

西南联大时期,著名逻辑学家金岳霖讲逻辑学,有学生感到这门学问十分枯燥,便好奇地问他:"你为什么要搞逻辑?"金教授答曰:"我觉得它很好玩."这是继陈省身先生之后听到的第二位大家说好玩,只有觉得好玩才可能玩好,玩到底.否则,就会将其变成工具、手段、台阶过河便拆,这对大多数学生是对的,但如果全体都如此便形势不妙了.

有读者会问,中美两国的奥林匹克试题哪个好,答案是肯定的:美国的好!

据说是世界上最受欢迎的剧集之一的《生活大爆炸》的幕后英雄是一位叫大卫·索兹伯格的“剧本顾问”(Fact-checker),他曾获得过的学位包括普林斯顿大学物理学学士、芝加哥大学物理学博士以及欧洲核子研究中心博士后,他保证剧集中出现的科学内容都靠谱,包括白板上的方程式,就是说美国的知识界还是认真的. USAMO 试题多由数学大家提供背景深刻大有挖掘余地,不像 CMO 试题长期由对外封闭的小圈子提供,山寨在所难免,而且就题论题别无引申,但难度比美国的大,仅得几分者不乏其人.

据金岳霖回忆他当年考清华时,北京考场的作文题目是《人有不为而后可以有为议》,正合他意,且算学题目极难,考生大都做错,金先生当然也不会,所以被录取.

作为一名从业近三十年的奥数培训者如此扬美抑中实在是爱之深责之切,可以肯定地说,“师夷长技以制夷”还是相当长一段时间内应采取的策略.

刘培杰
2012 年 3 月 23 日
于哈工大

历届美国数学邀请赛试题集

佩捷

内容提要

本书汇集了第1届至第29届美国数学邀请赛试题及解答.本书广泛搜集了每道试题的多种解法,且注重了初等数学与高等数学的联系,更有出自数学名家之手的推广与加强.本书可归结出以下四个特点,即收集全、解法多、观点高、结论强.

本书适合于数学竞赛选手和教练员、高等院校相关专业研究人员及数学爱好者使用.

编辑手记

台湾著名历史学家许倬云在报考台湾大学时数学是满分.他在接受采访时说:"数学最简单,语文最难,因为有很多例外,但数学没有,一切都在规矩里面."

这倒是与我们这些普通人的感觉相反,如果不是大师矫情的话,数学应该是难的.高考数学可能容易,但奥数还是有一定难度的.唯其难,才有类似本书这样的资料包存在的必要,但从整个社会大背景上看适合于参加数学竞赛的青年才俊们越来越志不在于此了,他们早已心有所属.

著名经济学家许小年说:"更为令人担忧的是,我们社会中的青年才俊不仅向往价值再分配部门,也就是政府机关,而且已经准备好了,准备用腐败等违法手段实现自己的目标."(许小年,《从来就没有救世主》,上海三联出版社,2013:270)

这种倾向是与应试教育共存的,非一日之寒,早在2000年,钱理群就在《一个理想主义者对中国语文教育改革的期待和忧虑》中指出:"没有相应的社会的改变,教育很难进行根本性的变革,也很难实行真正的素质教育…… 对现有格局下的改革,必须有清醒的估计,不能有过高的期待."

与今天相比人们似乎更怀念20世纪80年代的教育氛围,举一个和本书相关的例子:

前不久在天津古文化街的旧书摊上花一元钱买到了一本文汇出版社出版的老书《神童列传》,其中恰有一篇就是写一位上海的获奖者,标题为"数学尖子车晓东",原文如下:

> 光阴似箭,车晓东同学考进上海建设中学后一晃就是五年.这五年,生活没有亏待他.因学习成绩优异,他参加"数学兴趣小组"活动,得到老校长和优秀数学教师的重点辅导;他因自学能力强而从初二跳到高一,并且得到了一张"特殊借书卡"—— 能够享受与教师同等借阅书刊的权利,自由出入教工资料室.他的学习成绩扶摇直上,一进入高三年级,就夺得了1982年全国中学数学联赛上海赛区的冠军.他迈进了作为一个中学生的黄金时代.
>
> 1983年3月,车晓东将参加美国第三十四届中学生数学邀请赛.这次邀请赛有美国、加拿大、澳大利亚、比利时、英国等几十个国家、四十多万人参加,1949年后我还是第一次参加这样的国际性数学竞赛呢!
>
> 就在这时,却发生了一件意外的事:学校要进行航校征兵体检.
>
> "征兵?当飞行员?"晓东连想也没想过呀!这几年,他一直在向科学方面发展,再过几天,美国数学邀请赛就要开始,接着就是全市物理竞赛、高考……

可现在……要是体检及格，就可能要改变自己的志愿. 小伙伴们给他出主意："晓东，装近视眼吧，这一招医生是查不出的.""这不是欺骗吗? 不妥不妥……还不一定能选上我呢? 听说当飞行员的要求高得很."

他，就是怀着这样一种错综复杂的心情，来到征兵体检站的.

"哟，这学生真像飞行员！"没想到车晓东一进体检房，医生们就惊呼一声，用目光盯住了他. 肩宽腰细，圆脸蛋黑里透红，再加上他这天正好穿了件蟹黄色滑雪衫，更显得威武、壮实，带有几分飞行员的风采.

"他叫车晓东."小伙伴们抢着介绍，"知道吗? 他就是那个全国数学联赛冠军车晓东呀！"

"什么? 他就是……"医生们又是一声惊呼. 在他们原来的想象中，车晓东应该是个瘦小、脸色苍白、戴着一副深度的近视眼镜、胳肢窝里夹着书本的青年，没想到……

别太奇怪了，车晓东就是这么个人呀！他是全国数学联赛冠军，同时也是体育场上的健将. 在他的眼里，刻苦学习和体育锻炼这两者是相辅相成、紧密联系、缺一不可的. 他学习从不开"夜车"，却每天早晨坚持长跑. 他曾进行过试验：开了几次"夜车"，结果第二天早晨脑子昏沉沉的，看上去好像背了好几页书，其实一点也没有记住；有个时期他不练长跑了，结果上课总是提不起精神……所以，他总是把体育运动当作自己学好功课的灵丹妙药. 他爱好游泳、篮球、足球、长跑，当然最感兴趣的还是足球. 他谈起足球来，完全是一种"行家"的口气. 每星期六下午踢一场足球是必不可少的.

"有趣，他真是个有趣的学生，德智体全面发展！"医生们一迭声地称赞. 体检结果，车晓东——这个数学竞赛的冠军，在征兵体检时也得了个"冠军”.但是,他最后并没有被录取,于是又回到了他的数学王国.

房间里,响起鲍尔·莫里亚的著名轻音乐,先是《总有输了的人》,后是《全都属于优胜者》.车晓东面对录音机,眯缝着眼,正襟危坐,那神情恰似一个虔诚的教徒在祈祷.这已经成了他的习惯,每次考试前都要听几遍音乐.他说,听《全都属于优胜者》是为了激励自己,听《总有输了的人》可以安慰自己.音乐能使人类的心灵爆出火花,考前听一听这两首名曲,就准能考好.今天,他马上就要去参加美国第三十四届数学邀请赛了,当然免不了又要打开录音机……他说:“这实际上是一种心理、情绪上的准备,在走进考场前将脑子理理清爽,消除一切杂念,考试时就不会太紧张、太慌张啦!”

多么轻松,然而这样的“轻松”和五年前考初中时的“聊天”却有本质的不同.那时的“聊天”是扔掉了学习,结果在关键的升学考试中“马失前蹄”,未能被第一志愿的重点学校控江中学录取,懊恼地进了被人称为“杨老五”的建设中学.现在他的“轻松”,是在安排好学习基础上的调节精神.他一刻也没有忘记那个“考不取重点”的教训呀!在以后的五年里,他对每次考试都要进行相当充分的准备;平时他有个学习总计划,到考前还得订个小计划,设计个检验自己学得如何的“统计表”.就说这次美国邀请赛吧,他在赛前就像个战场上的指挥官,研究方案,分析试题,慎之又慎.他找来这个竞赛的历届试题考自己,然后自己评定,找出弱点.他先后做了十届试题,完全做到了胸有成竹.

太寂静,太紧张了,刚发下试卷的考场里,只听到钢笔在纸上摩擦的沙沙声,间或出现几声咳嗽.这种时候,这种场合,每一丁点儿的响声都会赶走考生们倏忽而现的“灵感”.糟糕!偏偏有两位不速之客走进了考场.他们把照相机对准了车晓东,“咔嚓!咔嚓！”闪光灯亮了又亮. 真讨厌！周围的考生皱起了眉头，人们更为车晓东捏着把汗. 然而，车晓东本人却不以为然，钢笔依然在纸上沙沙作响，规定九十分钟交卷，晓东只用四十分钟就做完全部试题. 复核、订正、交卷，满面带笑地走出考场. 考场内外，所有的人都向他投去惊讶、钦佩的目光.

“晓东，苏步青教授专门来看你了，在你身边站了好一会儿呢！”

“是吗？我没看见.”晓东摇头，眨眼，发愣.

“晓东，刚才记者为你拍照了，你知道吗？”

“我不知道呀！”晓东又是摇头，好一会儿才恍然想起，“噢，怪不得我好像觉得有几道白光在考卷上闪过.”

“天才就是集中注意力.”这话是谁说的？马克思. 车晓东正是靠了这种高度集中的注意力，迅速攀登着知识的阶梯，在每次考试中夺魁.

啊，车晓东终于为祖国争了光，为中国人争了气. 他在这届美国数学邀请赛中获得了满分！参加这届国际性数学竞赛的世界各国四十多万名中学生中，由于满分而荣获奖章的只有两个人，一个是中国的车晓东，一个是美国的詹姆斯 · 叶. 有位旅美华侨在美国《时报》上看到了这个消息后，精神振奋，热泪盈眶. 他逢人便说：“看到了吧，这是我们祖国的少年！满分，全世界第一呀！真了不起，满分！”

1983 年这一年，车晓东真是硕果累累，他除了参加本市、全国和国际数学、物理竞赛，连中“五元”之外，又夺得全市高考第一名，而被复旦大学录取.

这些成绩的取得，来得多么不容易呀！车晓东成为一个聪明的学习尖子，是与他对学习的广泛兴趣和一贯的刻苦努力分不开的. 他上幼儿园时，被象棋迷住了，吵着要爸爸教，学会了就和幼儿园教师对弈，居然把老师“将”住了；爸爸给他讲《西游记》的故事，他回头就讲给幼儿园小朋友听，老师索性让他当小故事员;他爱画画,画起马来,笔力刚劲,有点徐悲鸿的风格;他善唱京戏,每次纳凉晚会,他的节目总是引来热烈的掌声……

小学四年级时,妈妈为上初中的姐姐借来一本苏联的中等代数课本,晓东出于好奇,从桌上拿起书,随意翻阅起来,咦,还看得懂.他一边看一边又试着用"开方的方法"去解题,竟然得心应手,这使他兴趣大增,此后,他就与姐姐一起读这本书了.一本普通的代数课本,就仿佛是个导游,将晓东带到了一座瑰丽的数学迷宫里.代数运算里的神奇变幻,令他心驰神往.他做那些题目简直就是一种享受!不到两个月,他就做完了上千道数学题.随后,爸爸又给他买来了一套《数理化自学丛书》《十万个为什么》和其他一些参考书.他利用课余时间,开始认真地自学,循序渐进,一本接一本地攻读着,他越来越入迷了,对数学产生了一种特殊的兴趣——慢慢地,他的数学基础超过了比他大三岁的姐姐;慢慢地,他被同学们称为"数学尖子"了.到小学五年级时,他就在区小学数学竞赛中,一举夺得第一名!

高考他被复旦大学录取,一家子高兴得设宴欢庆,但车晓东早就从《爱因斯坦文集》里得到了一个启示:"一个人贡献给人们的,应该比他从人们那里得到的更多;不做到这一点,那就没什么值得骄傲."他知道自己进了复旦大学以后,肩上的责任是什么.

(根据《东方少年》1984 年第 4 期刘保法文编写)

本书是写给那些对数学奥林匹克有着强烈偏好的读者.因为本书所收集的这些试题和解法在其他书刊中也可找到,但要想收藏的话,本书可能是最适合的一本.有人说:"摄影穷三代,收藏毁一世."那是指古玩字画收藏,对书的收藏有百利而无一害,并且适当翻阅,说不定还会有所发现,给出自己的新解法.例如第 26 届的第 22 题:已知 r,s,t 为方程

$$8x^3+1\,001x+2\,008=0$$

的三个根. 求$(r+s)^3+(s+t)^3+(t+r)^3$. 本书给出的解法太"笨". 可以巧解如下:利用公式

$$x^3+y^3+z^3-3xyz=$$
$$(x+y+z)(x^2+y^2+z^2-xy-yz-zx)$$

可令$x=r+s,y=s+t,z=t+r$. 由韦达定理$r+s+t=0$,故$x+y+z=0$,所以

$$x^3+y^3+z^3=3xyz=3(-t)(-r)(-s)=-3rst=$$
$$3\times\frac{2\ 008}{8}=753$$

简洁明快,这样可以改进的例子你能在书中发现多处,它带给你的阅读乐趣是读其他书所不能给予的. 竞赛选手最要紧的是有自信,相信自己有同韦东奕、寥宇轩一样的数学才能并努力去挖掘,使之更加成熟.

功夫明星李小龙曾说:"所有说别人是天才的人,都是对自己才华的蔑视和对自己潜力的忽视."

中国的应试教育走到今天已经很少有学生能真正不以考试为目的,而以自己喜欢为目的去学一门课程,不是崇洋媚外,美国和欧洲一些国家这一点做得确实较好. 不搞培训,不办辅导班,搞一些竞赛,自愿参加. 取上名次没什么好处,没取上名次也不受歧视. 一切重在参与,自己自主决定而不是随大流. 学什么,怎么学,学到什么高度一切悉听尊便. 再看我们,钱理群曾悲叹,他用"针插不进、水泼不进"来形容应试教育的坚固——"它反映了中学教育的一个根本性的问题:应试已成为学校教育的全部目的和内容,而不仅教育者(校长、教师)以此作为评价标准,而且也成为学生、家长的自觉要求,应试教育的巨网笼罩着中国中学校园,一切不能为应试教育服务的教育根本无立足之地. 而应试教育恰恰是反教育的." 在这种体制下,读书无用论再次抬头.

马云说:"我是真的不看很多书. 读书就像汽车加油一样,加满油你得知道去哪里,装了太多的油就变成油罐车. 我看太多的人读了好多书,但其实两种人不太会成功,一种是不读书的,第二种是读书太多的."

我们永远成不了马云,因为马云只有一个. 所以还是要走自己的路,读多一些的书,总会强过见王林"大师" 的.

刘培杰
2013 年 8 月 16 日
于哈工大

数学奥林匹克与数学文化（第一辑）

刘培杰

编后语

2005年12月6日，在庆祝中国科学院力学所建所50周年暨钱学森回国50周年大会上，张新宇在发言中讲了一则钱学森的小事.他说:“钱先生在解决薄壳变形的难题时，初稿长达800多页.当这个问题彻底解决之后，他在装了浓缩成几页手稿的信封上写上‘final’，意思是终稿，但即刻认识到，在科学认识上没有什么是最终的，于是他又紧接着改成了‘Nothing is final!!! ’.”

《数学奥林匹克与数学文化(第一辑)》终于付印了，这只是一个起点，所以我们借用钱老的“Nothing is final”以自勉.

2006年3月19日，中央电视台采访了唯一的一位获得菲尔兹奖的华人数学家、哈佛大学数学系丘成桐教授，丘成桐教授指出:数学奥林匹克问题都是别人提出并且别人已经解决的题目，要学会自己找出题目，并且重要的不是同别人竞赛而是要同自然界的奥秘之争.

我们是不是可以这样去理解，对于数学奥林匹克选手来说，题目和怎样解题目不是最重要的，而通过这些题目来认识现代数学，将来能在数学主流中找到自己感兴趣的问题才是最重要的.这正是我们创办这本文集的初衷所在，也是在这样一本初等文集中充斥了大量的高等数学的原因所在，这同时又使我们深感力所不逮，期盼更多大家、名家赐稿共同为数学的普及鼓与呼.

著名数学家、曾任北京大学校长的丁石孙先生曾说过:“一个好的数学教师不仅要知道该教给学生什么,更为重要的是要知道不该教给学生什么,以免超过学生的理解力.”从这点来说这本文集是严重犯规了,因为它的大多数内容是严重超标的,幸好我们将其读者定位于数学奥林匹克教练员及研究人员,同时也不排除有个别超常选手感兴趣,在今天这样一种一切市场化的氛围中,本文集能否得到读者及市场认同,我们只有抱着谋事在人,成事在天的超然态度了.

那么为什么要在数学奥林匹克文集中加上数学文化的内容,特别是数学史?

李迪教授在《中外数学史教程》中指出:…… 然而不能忽视,现实生活中却有这样的例子,有人以百折不挠的精神,企图用尺规解决三等分角的诸问题,有人历尽艰辛,其成果只是重复了前人的工作;更有甚者,煞费苦心幻想推翻一种基本的数学理论(例如实数理论),用其他什么东西来代替它.至于梦寐以求地力图用初等方法解决诸如费马大定理、哥德巴赫猜想等世界名题的攻关者更是屡见不鲜.所有这些人的致命的弱点是不懂历史,愚蠢地把时间和精力白白浪费掉了.仅此一端,就足以提醒我们,搞数学如果不重视它的历史,将付出沉重代价而被淘汰.因此可以说,谁蔑视历史,谁就被历史蔑视.

如果把本辑比作图书海洋中的一条小鱼,那我想它一定要是鲨鱼.因为一般的鱼都能自由地上浮和下潜,这主要是靠鱼鳔.当鱼想上浮时,鱼鳔充满气体;当鱼想下潜时,便放出鱼鳔中的气体,使自己的浮力变小.这便是潜水艇的仿生原理.然而鲨鱼却没有鱼鳔.于是,它只能靠不停地游动来保证身体不至于沉入水底.也正是靠不停地游动,保持了强健的体魄,成了鱼类中的强者,所向无敌.

我们这本文集恰似一条无鳔的鱼被扔入了大海,只有靠自身的不断发展由小到大,由弱变强,使我们充满危机感与紧迫感,也期盼得到各界的支持与帮助.

钱钟书先生在谈到作家对命运的态度时曾写过这样几句:知命乐生,不齿虚名,不易操守,不计利钝,不为趋避(陆文虎编. 钱钟书研究采辑 —— 生活 · 读书 · 新知. 上海:三联书店, 1992:23). 我们愿以此共勉.

最后向邹大伟先生表示衷心的感谢.

刘培杰

2006 年 5 月

数学奥林匹克与数学文化（第二辑·竞赛卷）

刘培杰

编后语

在2007年商务印书馆推出的商务新知译丛中有一本“老书”，因为它在中国有多个译本，那就是英国著名数学家G. H. 哈代的《一个数学家的辩白》(王希勇译). 其中有一段颇具戏剧性，见书中第20页，其中写道：“在1913年初的一个早晨，哈代在餐桌上的信件当中，发现了一个贴着印度邮票的信封，既大又不干净. 打开之后，他发现了几页无论如何也算不上新的稿纸，上面是一行行的不像是英国人手写的符号. 哈代毫无兴致地扫了一眼. 他当时36岁，已经是世界著名数学家了. 他早已发现，世界著名的数学家们遇到怪人的机会多得不得了. 哈代习惯于收到陌生人的手稿——诸如证明埃及大金字塔先知的智慧，犹太教长老的启示，或者培根穿插在所谓莎士比亚戏剧中的密码等等的手稿.”

除去编者不是著名数学家甚至连非著名都远远不算这点与哈代不同以外，编者在90多年后的2007年夏天遇到的情况与哈代无异.

先是收到了四川省蓬安县蓬安中学蒋明斌先生的两篇文章，蒋先生虽偏安一隅，但在中学数学界特别是数学竞赛界小有名气，所以来稿与刊登均在意料与情理之中. 同样的情况再次出现在半个月后，安徽省枞阳县汤沟中学唐传发先生来稿. 恕编者孤陋寡闻，仅在一篇报道贪官王长根的文章中看到过枞阳县. 枞阳虽名气不大但唐传发在平面几何圈内也算是一位顶级发烧友,以爱解难题著称. 窃以为酷爱平面几何之人皆为功利心淡化之人,也是爱数学之人. 因为解一道平面几何问题所费代价与收益是不成比例的. 只有从中得到巨大的乐趣的人才会心理平衡,所以这篇稿件也尚属正常. 但接下来的情况有点出人意料,一位民警"居然"也寄来了发表关于竞赛的稿子,武瑞新,武汉市汉阳区永丰派出所民警,惊讶过后细读,稿子尚有新意,从数学竞赛票友的角度看值得发表.

与1913年哈代遇到的类似场景出现在2007年下半年,一天一个超重大口袋被收发室送来,从外观看不像是高校或科研院所寄信件那样外表整洁光鲜,倒是像经常收到的"民科"们宣称证明了"哥德巴赫猜想"或"费马大定理"的稿件,再一看地址:四川省泸州市纳溪区上马镇银坪村,而作者自己标明的暂住工作地是:广东省中山市小榄镇泰丰工业大道南9号,以编者的想象力要将这样两个地址与IMO,CMO联系起来有些难度. 然而像哈代和李特伍德最后判定手稿的作者是个天才一样,读完邓寿才的稿子我也有了自己的判断:来稿者是一位心怀梦想、酷爱数学并受生活所迫的青年. 他应该得到人们的认识与鼓励. 所以编者推迟了本文集的出版时间,加入了邓寿才的两篇长文. 这两篇文章正如阿瑟. I. 米勒评价当年爱因斯坦投给《物理学年刊》的题为《论动体的电动力学》的划时代文章那样:"像今天不会有任何主要的物理学杂志会发表它,因为它完全没有引用任何文献."(阿瑟. I. 米勒,著. 爱因斯坦·毕加索. 方在庆,任梅红,译. 关洪,校. 上海科技教育出版社,2003:207)

本文集第一辑出版后,天津一位中学生发来邮件说他是在南开大学书店买到的,但他们班只有他在看,其他人都认为太难,内容太深…… 若说深,为什么要深,这对一本服务于中等教育和大学师范教育的文集来说是否过难了,我们说刚刚好,要说明这点先从一次访谈谈起. 2007年8月29日,华东师范大学数学系教授,《数学教学》主编张奠宙先生访问了美国的一个华人数学之家,父亲冯承德、母亲徐云华都是1964年华东师范大学数学系毕业生,毕业后一直到1990年都在天津市中学任教. 1990 年至今在美国俄克拉荷马州科学与数学中学(Oklahoma School of Science and Mathematics,专门为自然科学和数学方面的优秀生开办的学校,全美有 20 多所)任教. 儿子冯祖鸣毕业于北京大学数学系,现为美国参加国际中学生数学竞赛的领队,美国新罕布什尔州 EXECTER 中学教师. 在谈到中国的数学教育时,冯祖鸣有一个惊人之语:“中国数学教育的软肋在高中,在高中最后两年的空转.”冯承德说:“我们学校是两年制,只有 11 年和 12 年级. 单变量微积分是必修的,然后有 70% 的学生选修多变量微积分和线性代数. 喜欢数学和物理的学生则选修常微分方程和偏微分方程. 最后,我讲过实分析和拓扑学. 总之,你有能力可尽力选修.”徐云华也说:“我们学校不仅是数学课程多,物理课程一直教到量子力学出现薛定谔方程,所以我们必须开设微分方程课.”

我们也调查了其他发达国家的数学教学大纲,同美国有相似之处.

如澳大利亚数学教学大纲(高中)分为 A,B,C 三个层次,以适合不同的人学习不同的数学之需.

> “数学 C 包括 6 个核心专题和 7 个选修专题,数学 C 的核心专题为:群的引入;实数系和复数系;矩阵及其应用;向量及其应用;微积分;结构与模式. 数学 B 共有 9 个专题,分别是:应用几何;函数的引入;变化率;周期函数及其应用;指数、对数函数及其应用;最优化;金融数学;积分的引入;应用统计分析.”
>
> (澳大利亚数学大纲(高中)评价及其启示. 祝广文. 中学数学杂志(高中),2002 年第 3 期)

编者一直从事奥赛培训工作,所以对冯祖鸣的一番话深有感触. 他说:“中国的中学里,许多搞奥赛的教练,还是要学习很多现代的数学,例如图论、数论等. 可是一般的数学老师就不大上进了,听到和高考无关的数学就头疼,你能指望这样的数学老师培养出优秀的数学人才吗?”我们这期的稿件中附录多,就是为那些求上进的奥赛教练提供链接,装备头脑,所以说按国际化标准要求刚刚好.

王小波在《智慧与国学》这篇文章中举例说到了一位质问欧几里得学几何学能带来什么好处的学生和一位质问法拉第电磁感应有什么用的贵夫人,评价说他们是中国传统思维方式"器物之用"式的质问.

王小波在那篇文章中说:"我认为在器物的背后,是人的方法和技能,在方法和技能的背后是人对自然的了解. 在人对自然了解的背后,是人类了解现在、过去与未来的万丈雄心."

我们希望本文集带给大家的绝不仅仅是器物之用,而是安抚那一颗颗立志探索数学之美的万丈雄心.

在编本期稿件之间编者去莫斯科参加了一个国际书展. 莫斯科、圣彼得堡、苏斯达里、弗拉基米尔给我们留下了深刻印象. 书中几幅照片是美编卞先生所摄,颇具灵感,列于文末,奇图共赏.

本文集是数学工作室的一个系列文集,计划每年出一本. 2007 年由于种种原因没能及时出来,所以 2008 年会有两辑出来,另外第一辑的两位责任编辑已先后离开,杨明蕾女士到总编室工作,康云霞女士随夫调入大连理工大学出版社,所以今后会由李广鑫女士接任,借此向离开的表示感谢,向接任的表示欢迎. 数学工作室是微型的,但我坚信,正像1973 年英国人舒马克的一本书所说《小即是美》(*Small is beautiful*).

刘培杰

2007.12.13

数学奥林匹克与数学文化（第二辑·文化卷）

刘培杰

卷首语

从本辑开始,《数学奥林匹克与数学文化》开始分设竞赛卷与文化卷,这是对文化价值重估的结果,所以在卷首要多说几句.

提起数学,人们都觉得很重要,中国的数学神童通常是考试考出来的,于是很多人认为数学是应试的工具,只有在考试中才有价值,把它狭隘地理解为一种选拔手段、竞争科目.不单是中国,美国也是如此,美国国家研究委员会在一篇题为《振兴美国数学》的报告中指出:"在中学和高等学校中,数学起着过滤器而不是抽水机的作用;学生被挡住了,而数学人才却没能选拔出来并得到鼓励."(美国国家研究委员会.振兴美国数学——90年代的计划.叶其孝,刘燕,章学诚,蒋定华,译.冷生明,校.世界图书出版公司,1993:61)

的确在以前作为一个社会成员,甚至是社会精英,不懂数学并无大碍,或以为数学好最多是将才,而文科好才能管人、用人,方为帅才.但时代毕竟变了,观念也应该改变.

美国数学专门委员会在1984年的报告中指出:"在现今这个技术发达的社会里,扫除数学盲的任务已经替代了昔日扫除文盲的任务,而成为当今教育的主要目标."(美国数学的现在和未来.上海:复旦大学出版社,1986)

我国著名数学家,曾任武汉大学校长的齐民友教授认为:

数学作为一种文化,在过去和现在都大大地促进了人类的思想解放,人类无论是在物质生活上,还是在精神生活上得益于数学实在太多,今后数学还会大大地促进人的思想解放,使人成为更完全、更丰富、更有力量的人. 他指出:“历史上已经证明,而且将继续证明,一种没有相当发达的数学的文化是注定要衰落的,一个不掌握数学作为一种文化的民族也是注定要衰落的.”他进而说:“没有现代的数学就不会有现代的文化. 没有现代数学的文化是注定要衰落的.”

1988 年夏,在布达佩斯举行的国际数学教育大会上,美国著名数学教育家 L. A. Steen 做了“面向新世纪的数学”的报告,他强调要“振兴中学后数学教育”. 他说:“对于中学后数学教育,最重要的任务是使数学成为一门对于怀着各种各样不同兴趣的学生都有吸引力的学科,要使大学数学对众多不同的前程都是一种必不可少的预备.”同年在天津南开数学研究所召开了“21 世纪中国数学展望学术讨论会”,程民德教授做了长篇主题报告,他说:“环顾世界,所有的经济大国和科技大国,必然也是数学强国.”

也许有人会说,当前中国可能是世界上最重视数学的国度了,我们的练习册堆积如山,我们的模拟题汇集似海,我们总结的解题技巧多如牛毛,我们的知识点梳理密不容针,但是这并不是数学.

M. 克莱因指出:“数学学科并不是一系列的技巧,这些技巧只不过是它微不足道的方面. 它们远不能代表数学,就如同调配颜色远不能当作绘画一样. 技巧是将数学的激情、推理、美和深刻的内涵剥落后的产物. 如果我们对数学的本质有一定的了解,就会认识到数学在形成现代生活和思想中起重要作用这一断言并不是天方夜谭.”

法国近代重要哲学家马勒伯朗士(Nicolas Malebranche)在总结他所认识的真理观时指出:

> “有两种真理,一种是必然的真理,另一种是偶然的真理. 所谓必然的真理,就是其本性持久不变的真理,按着上帝的意志捕获的真理——所有其他的真

理都是偶然的真理：数学、大部分物理学和伦理学都含有必然的真理；历史学、语法学、特殊的权利和习俗，以及其他依赖人类意志变化的学问，都只能包含偶然的真理."（马勒伯朗士. 论寻找真理. 第一卷. 巴黎：哲学图书出版社，第16，17页）

数学作为人类思维的有效形式与手段，渗透至其他一切领域是有其必然性的.

斯宾诺莎曾代表了近代启蒙思想家的共同立场，从他的著作中我们不难看出，他们所谓的"理性"并不是狭隘的认识论概念，而是含有各种各样的"公"之义，它是认识论，也是方法论、伦理学、政治学、文学、科学、历史、经济学等. 每个人出让给社会的自然权利构成了某种类似于乌托邦的东西，或者说，它是人类想象力的最大成就，由于近代数学成为科学王国的国王，这样的乌托邦也被称为"公理"（斯宾诺莎的伦理学就是由许多这样的公理组成的）.

李文林先生曾举了两个例子说明数学对观念与制度形成的重要影响：法国大革命形成两部基础文献《人权宣言》和《法国宪法》，是资产阶级民主革命思想的结晶.《人权宣言》开明宗义指出：

"组成国民议会的法国人民的代表们……决定把自然的、不可剥夺的和神圣的人权阐明于庄严的宣言之中，以便——公民们今后以简单而无可争辩的原则为根据的那些要求能经常针对着宪法与全体幸福之维护."

而后来（1791年）公布的《法国宪法》又将《人权宣言》置于篇首作为整部宪法的出发点.

无独有偶，美国独立战争所产生的《独立宣言》开头也说：

"我们认为下述真理乃是不言而喻的：人人生而平等，造物主赋予他们若干固有而不可让与的权利，其中包括生存权、自由权以及谋求幸福之权."

把大家认为"简单而无可争辩的原则"和"不言而喻的真理"作为出发点,按照数学的语言这就是从公理出发.显然,领导法国大革命和美国独立战争的思想家、政治家们都接受了欧几里得数学思维的影响.另外,有记载说美国南北战争时期的总统林肯相信思维能力像肌肉一样也可以通过严格的锻炼而得到加强……为此他想方设法搞到了一本欧几里得的《几何原本》并下决心亲自证明其中的一些定理,1860年他还自豪地报告说他已基本掌握了《几何原本》的前六卷.(李兆华.汉字文化圈数学传统与数学教育.北京:科学出版社,2004,第184页)

苏黎世数学家斯派泽(Speiser)曾对数学与埃及美术之间的关系做出了值得注目的评论:

> "如果你真想准确地判断埃及的数学水准,你无须去看他们算术书中的计算或他们测量系统中的初等几何.你只要分析一下那些覆盖在他们庙宇或雕塑上的令人惊异的纹样,你就能领略到活在这些民众心中的高度的数学精神."

我们时常抱怨我们的城市建筑风格单一,美术界缺乏国际大师,索斯比拍卖行艺术品价格不高,甚至音乐水准不高等.要大力发展美育教育,其实这些可能都是一些表象,深层的原因中肯定有数学的成分在内.

我们习惯于孤立地看待数学、文学与艺术,有时加以贬损,有时以科学主义的名义将其无限抬高,其实它们是相通的.

孙小礼教授指出:"过去,在我国学术界,常常强调数学与艺术的区别,以为在数学中运用的是逻辑思维,而在艺术中则运用形象思维.事实上,形象思维对于数学同样是非常重要的,而且是必不可少的,而逻辑思维规律对于艺术也是必要的,是必须遵守的.数学和艺术确实有许多相通之处和共同之处,例如数学和艺术,特别是音乐中的五线谱,绘画中的线条结构等,都是用抽象的符号语音来表达内容. 有人说,数学是理性的音乐,音乐是感性的数学."

美国当代数学家哈尔莫斯(P. R. Halmos)说:"数学是创造性的艺术,因为数学家创造了美好的新概念;数学是创造性的艺术,因为数学家像艺术家一样生活,一样工作,一样思索;数学是创造性的艺术,因为数学家这样对待它."

数学家与文学家、艺术家在思维方法上有共同之处,都需要抽象,也都需要想象、幻想,例如数论中有一个重要方法叫筛法. 为什么起这样一个名字,这其中要有一点想象力,因为最初从自然数中寻找素数是将全部自然数都写到纸草上(注意不是草纸,这是由尼罗河岸边生长的一种植物制成的早期的纸),然后逐次将合数烧去,由于最初纸草被紧固在木框上,再烧一些小洞,很像筛子,故而起名为筛法,后期是将蜡平涂在木板上,再将 1 及合数用香点一个小黑点,也很像筛子,所以沿用至今. 至于幻想马克思和列宁早已注意到了. 马克思在讨论微分学,特别是切线问题时曾写道:"所有的妙处只是通过两个三角形相似性才显示出来,并且辅助三角形的两个边是由 dx 和 dy 构成的,因此它们比点还小,所以在这种情况下要敢于把弦等同于弧,或者反过来把弧等同于弦. 此外,在第一种方法中,也只把两条直角边相互比较,并且也可对斜边的性质赋予幻想." 列宁则说:"有人以为,只有诗人才需要幻想,这是没有理由的,这是愚蠢的偏见! 甚至在数学上也是需要幻想的,甚至没有它就不可能发明微积分."

数学理论虽以逻辑的严密性为特征,但是新概念的提出,新理论的创立则需要借助于直觉、想象和幻想. 数学史上的众多成就都证实了这种规律性. 著名数学家庞加莱说:"没有直觉,数学家便会像这样一个作家:他只是按语法写诗,但是却毫无思想."

庞加莱还说过这样一段名言:"科学家研究自然,是因为他爱自然;他之所以爱自然,是因为自然是美好的. 如果自然不美,就不值得理解;如果自然不值得理解,生活就毫无意义. 当然,这里所说的美,不是那种激动感官的美,也不是质地美和表现美;不是我低估那种美,完全不是,但那种美与科学不相干.

我说的是各部分之间有和谐秩序的深刻的美,是人的纯洁心智所能掌握的美."(北京大学学报.哲学社会科学版.1993年第1期)

美学当然是现代人多少应该感兴趣的学科,而数学之美又是其中较高层次之美,它虽然不具有表面的功利性,但对人深层的影响还是很大的,它的作用有些像宗教的说教.有人说多做善事会福虽未至但祸已远离,总做坏事则会祸虽未至但福已远离;同样可说:学了数学雅虽未至但俗已远离,不学数学则俗虽未至但雅已远离.1998年美国《数学情报》(*Mathematical Intelligencer*)曾刊出数学上24个著名的定理.让读者给每一个定理打分,评出最美的定理,统计结果,第一名为18世纪瑞士大数学家欧拉(I. Euler,1707—1783)给出的公式

$$e^{i\pi}+1=0$$

这个公式让数学上最重要的五个常数1,0,π,e,i团聚了.

海德格尔说人应该诗意地栖居,我们说人特别是现代人应同时过两种生活,那就是物质生活和精神生活,物质生活层面讲求舒适,精神生活则讲求理性、秩序与美感,学习数学对实现这一目的有益.

"为什么我需要学这个?"这是中学数学教师最害怕学生问的问题.传统的回答是:"因为在你工作的时候需要掌握这种技能."但这种回答其实是不诚实的,因为即使班上有些学生将来会成为工程师,他们也并不是提这种问题的学生.更诚实的回答似乎应该是:"因为你需要这种知识去参加大学入学考试."但是明显带有嘲笑挖苦的意味.托马斯·杰斐逊有一句关于数学的名言:"思考的能力就像身体的组织,可以通过练习不断地加强和改进."(帕特里夏·克莱因·科恩(Patricia Cline Cohen).善于计算的人民:美国早期数学能力的传播(*A calculating people:The spread of Numeracy in Early America*).纽约:劳特里奇出版社,1999:132)和我们关于为什么学习数学有着如此重要性的观念更为接近,但是我们承认,这种观点很难激励那些对数学缺乏兴趣的十几岁的青少年.([美]德里克·尼德曼,戴维·博伊姆.数学密码.庄莉,译.上海:上海世纪出版集团,2006:3)

一个心智健全的少年有着成为各类天才的可能，而人才成长的规律告诉我们成才的第一步是立志，他首先要有这种志向，为发达而学数学显然是得不偿失的. 所以靠外在吸引是行不通的，俗话说攻心为上. 为了吸引更多的潜在数学天才学习数学，必须要晓之以数学真之理，动之以数学美之情. 上海交通大学科学史系纪志刚教授在《让我们播种数学》一文中指出："一个把数学仅仅看成是工具的教师，他只会给出大量的公式和呆板的例题；一个把数学仅仅看成是逻辑体系的教师，他只会依循一种有条不紊却异常枯燥乏味的定义—公理—定理的方式去讲授；一个把数学看成仅仅是智力游戏的教师，他会偏爱刁钻的难题而忽视基本功夫；一个认为数学除了包含以上各方面之外还有更丰富内涵的教师，他的教学才会别具一格."

本卷的目的之一就是通过文化的传播，使更多的数学教师别具一格.

庞加莱说：

"数学有三个目的. 它必定提供了一种研究自然的工具，但这并非一切：它具有哲学的目的，我敢坚持，它还有美学的目的. 它必定能帮助哲学家揣摩数、空间、时间的概念. 尤其是，数学行家能由此获得类似于绘画和音乐所给予的乐趣. 他们赞美数和形的微妙和谐；当新发现向他们打开了意想不到的视野时，他们惊叹不已；他们感到美的特征，尽管感官没有参与，他们难道不乐在其中吗？只有少数有特权的人才能充分享受其中的乐趣，这是真的，对所有最杰出的艺术家来说，情况难道不也是这样吗？

"这就是为什么我毫不犹豫地说，为数学而研究数学是值得的，为不能应用于物理学以及其他科学而研究数学是值得的. 即使物理学的目的和美学的目的不统一，我们也不应该牺牲两者中的任何一个.

"可是另外还有：这两个目的是不可分割的，得到其一的最好办法是对准另一个或者至少从来也不丧失对于它的洞察，这就是我在陈述纯粹科学及其应用

之间的关系的本性时正准备试用证明的东西."(庞加莱.科学的价值)

过去,国人之间最大的不敬就是一句:"真没文化."在今天我们的老师的老师读过了《范氏大代数》,我们的老师读过了那汤松的《实变函数》,我们自己可能早已读过了韦伊的《代数几何基础》,而我们的子女也开始参加各种奥林匹克数学竞赛,但小心这一切并不能保证我们就有文化!我们不能没文化.

刘培杰
2008.7

数学奥林匹克与数学文化（第三辑·竞赛卷）

刘培杰

编后语

有位知名作家对当前的社会有一个评价叫作：男人女性化，女人儿童化，儿童宠物化，宠物贵族化，贵族流氓化，流氓装文化. 社会现象各有看法和见解，是每个人的自由和权利，不便妄加评论. 但最后一句却颇令人感到意外，这说明文化是个好东西，是上得了台面的，不仅好人喜欢别人夸自己有文化，连流氓都唯恐别人说自己没文化，真可谓天下大势，浩浩荡荡，有文化者兴，没文化者亡. 正是在这样的大背景下，《数学奥林匹克与数学文化》系列又出版了第三辑.

正如德国诗人里尔克所说："哪有什么胜利可言，挺住就是一切." 所以笔者下定决心除非遇到不可抗拒的因素，否则就一定要将《数学奥林匹克与数学文化》系列坚持下去，那么难以坚持的关键在哪里？在本系列第一辑出版之初有读者在网上说偌大中国，区区 3 000 册一定会很快脱销，但实际上销量并不理想. 这类书学生读觉得深奥，教师应该是主要读者群. 但中国目前的状况是教师分为两类，有钱买书的和没钱买书的，有钱买书的很少读书，原因是要多挣钱，就要多上课，而时间是个常数，必定要挤占读书时间，而且读书与挣钱间又没有必然联系；而没钱买书又想读书的又分两类，其中一类是只买"有用"之书，类似高考辅导、应试秘籍之类，这类读者我们很难吸引，因为我们历来主张无用之用方为大用.

丹尼尔·贝尔在其名著《资本主义文化矛盾》(三联书店)中指出:资产阶级企业家在经济上积极进取,但是在道德与文化趣味方面却日益成为"保守派".他所要求的"个人"为自律、自勉、有纪律、有上进心,其余一切按部就班,按照既有规范生活;而艺术家"个人"却日益向波希米亚人(流浪汉的别称)靠拢.展开了对于只知赚钱的"成功人士"的愤怒攻击,认为功利、实用理性和物质主义枯燥无味、烦闷无聊,压抑了个人的灵气和丰富生活的可能性.波德莱尔的一句名言是:"我痛恨成为有用的人."同样我们也极力避免使我们的书成为能立竿见影得到应用的书.我们的目标读者是那些爱数学、爱数学书的人,他们视书籍如同空气与食物一般不可或缺.我们心目中的理想读者是像英国剑桥大学三一学院的大史学家麦考莱那样嗜书如命的人,他曾说:"书是我的一切,醒着的时候,我眼前不能没有书."

让有钱买书的人读书,让想买书的人有钱是我们的奢望.芬兰这点值得我们学习.芬兰的义务教育在世界上是一枝独秀.从2000年起,芬兰总是在"国际学生评量计划"里头名列前茅,更令人吃惊、艳羡甚至恐惧的,是他们的学生还在不断进步,评分一年比一年高.秘诀就在于他们的老师喜欢读书学习,由于老师自己就是喜好学习并且擅长学习的人,所以他们才能教出世界上最优秀的学生.梁文道先生对此事的评论颇有新意.他说:"和注重基础教育的芬兰模式不同,'中国模式'强调'学习型官僚'.你现在去各大专院校的研究所点名,会发现登记册里没有几个中小学老师,倒是有不少在职官员,他们全都很踊跃地攻读着硕士、博士,颇有学政合一的古风."(梁文道.常识.广西师范大学出版社,2009:156)

芬兰有一位颇有争议的大数学家奈望林纳(R. H. Nevanlinna,1895—1980)学问一流,是复分析中的大师,早年杨乐、张广厚在熊庆来指导下做的值分布理论便是此公开创的.他在世界数学界享有很高声誉.他的子孙也引以为豪.他的孙子在学校读书时,对其数学老师报号说自己是奈望林纳之孙.其老师问奈望林纳是谁,其孙回答说,连奈望林纳都不知道,可见您的数学水平并不怎么样.这就是见识,是文化,也是传统.

本书的6位作者均系“草根”，没有响亮的名号，没有傲人的学历，没有金字的招牌．与前几期相比显得有些“山寨”．但我们一直坚信“学问在民间”．体制内的人受到的诱惑太多，搞数学身不由己，有逐利倾向，但民间人士一定是因喜爱才为之．

曾任耶鲁大学校长的小贝诺·施密德特不久前在耶鲁大学学报上公开撰文对中国某些大学近年来久盛不衰的“做大做强”之风评论说：“他们以为社会对出类拔萃的要求只是多：课程多、老师多、学生多、校舍多．他们的学者退休的意义就是告别糊口的讲台，极少数人对自己的专业还有兴趣，除非有利可图．”今年9月笔者在参加了北京国际图书博览会之后应作者之约去了天津，其间去了孙宏学老先生家拜访．所见所闻更坚定了我对学问在民间的看法，孙先生在“文革”期间靠卖苦力谋生，每天收入仅一元多，但他却收集了许多很珍贵的数学名著，如高斯的《算术研究》(俄文版)、希尔伯特和柯朗的《数学物理方程》(英文版)、《黎曼全集》(俄文版)、《乌利松全集》(俄文版)、卡拉切奥多利《泛函分析》、布尔巴基学派的《数学原本》(俄文版)、谷山丰和志村五郎的《近代整数论》(日文版)等，真是不易．孙先生不仅藏书还读书，提起数学家及数学著作如数家珍．虽然长期游离于体制之外，但热情一点不亚于专业人士．多年来我们已习惯于正规军打阵地战，但也总有游击队在打地道战，比如“不变子空间问题”的解决．这是一道举世瞩目的难题，冯·诺伊曼(1930)、博灵(1949)、阿龙扎扬和史密斯(1954)、罗蒙众索夫(1973)分别做出了重要贡献，然而这一世界难题的最终解决却是一位花了9年时间才拿到博士学位(这一时间创下了圣塔芭芭拉加利福尼亚大学纪录)且穷困潦倒，已经到了走投无路境地的斯戈特·布朗．对此斯戈特对自己的评价是：“我是个牛仔，西部的牛仔．”在开发美国蛮荒大西部的年代，最能代表拓荒者披荆斩棘、冒险前进精神的不就是人们心中的牛仔吗？我们现在数学杂志上充斥着许多四平八稳、似曾相识、严重缺乏原生态的“鸡肋”文章．我们呼唤“牛仔”，渴望“牛仔”精神．

社会要多元化，数学书刊也要多元化．郭尔凯姆在《社会分工论》(1893)中提出：“猩猩头盖骨的最大体积和最小体积相差200 cm^3,近代成年人的最大头盖骨和最小头盖骨相差600 ~ 700 cm^3;越是发达的民族比起落后民族,其内部成员服饰上的差距越大.”郭尔凯姆由此概括:“越是进化,物种内部从体质到文化的离散就越大.”前不久,在一本刊物上读到一篇文章,说就连人们认为最应该单一化的酒店也都多元化了,有了图书主题酒店,纽约图书馆酒店是爱书者的天堂.整个酒店藏书已超过6 000册.酒店本身也是按照“杜威十进分类法”的类目来取名的,3楼为“社会科学”,4楼为“语言”,5楼为“数学及自然科学”,6楼为“科技”,7楼为“艺术”,8楼为“文学”……每个楼层的6间房间,再以各小类命名,9楼“历史”楼层的001号房是“二十世纪史”,004号房是“亚洲史”等.每间房间都会提供与此房间相关的书籍.令人吃惊的是,入住这里的客人大部分是企业家,少部分是专家学者和作家,企业家觉得这里像“沙漠中的绿洲”,能给人一种休闲、思考的氛围.

按上海交大科学史系主任江晓原和北大科学哲学中心刘华杰教授所倡导的学问分阶学说,比如科学本身为一阶,则科学史为二阶,而科学编史学为三阶……但有些人借此产生偏见,以为学问中“阶”数越小则越尊贵,“阶”数越大则越可以鄙视,所以有相当一段时间清华的刘兵等专搞科学编年史的人被边缘化.现在在大学里搞竞赛数学的教师也面临此境地.为了使自己名正言顺,各师范院校纷纷设立了“数学奥林匹克研究所”,如华东师大熊斌教授组建的华东师大数学奥林匹克研究中心,湖南师范大学沈文选教授创立的湖南师大数学奥林匹克研究所,天津师大李建泉教授发起的天津师大数学奥林匹克研究所,这几个机构虽然是“一两个人,七八条枪”,但“星星之火,可以燎原”.

法国科学研究中心数学家,高等科学研究所主任让·皮埃尔·布吉尼翁(J. P. Bourguignon)说:

> “文化的本质就是诞生于一小群人当中,然后在保留其创造性的同时,逐步发展壮大,而数学则以普遍性结构为研究对象,这也许是它最引人注目的性质之一.”

本系列从第一辑出版之日便定位于小众读物，其宗旨及历程借用中科院理论物理研究所研究员、中科院院士、两弹一星功臣彭桓武先生和陈省身的一首中英对照诗昭示：

I learn what I love to, I do what I wish to.

Fates have treated me well, Friends have helped me well.

我学我爱，我行我素.

幸运屡遇，友辈多助.

《法兰克福时报》主编的公子有一句名言："贵族只有两件东西要自己买：一是鞋，因为鞋必须试一下才知道是不是合脚；二是书，必须自己翻看了才知道想不想读."

翻翻本书，你一定会从中找到乐趣的.

刘培杰
2009.12.10

数学奥林匹克与数学文化（第四辑 · 竞赛卷）

刘培杰

卷首语

“实用理性”是中国传统文化的基本精神. 关注于现实生活,不做纯粹的、抽象的思辨,事事强调“实际实用实行”、“重人事关系,重具体经验”. 近代以来,西方列强的坚船利炮更是让国人对实用主义顶礼膜拜,深信不疑. 从“师夷长技以制夷”的洋务运动到“多研究些问题,少谈些主义”话语权争夺再到“科玄论战”的人生观论战,实用功利主义的魅影在历史的迷雾中不断隐现. 本文集要做的是对实用理性的一种反动,极力以宣扬数学之美为己任. 随着时代的推移,人们对于崇高的体验几乎被磨灭殆尽了,我们的想象力也已枯竭,只剩下对于庞然大物的些许敬畏之情. 在此背景下,康德出版了《批判力批判》(*Critique of Judgement*),其中他区分了两种形式的崇高:数学的崇高与力学的崇高. 数学的崇高主要与自然界的奇观相关,比如高山、海洋和太空,这些事物十分广大,超出了我们概念上的理解范围. 而力学的崇高,主要与自然界中强大的力量相关,比如暴风. 康德声称:面对崇高,起初的震撼会唤醒我们内心更高的体验,即理性. 这种升华,最终能带来一种愉快的感觉.

当然,在本文集中我们也有大量的内容是与数学奥林匹克相关的. 近年来社会思潮对数学奥林匹克愈发不理解,颇有妖魔化的倾向. 在此我们的观点是:数学奥林匹克是高深数学的微型化,是初等数学的时装秀,是数学教学改革的催化剂,是超常智力学生的课间操,是选拔特殊人才的星光大道,是全社会数学爱好者的"非诚勿扰"节目.

中国社会的传统一贯是人微言轻,言以人重.所以我们要借名人之口说出这层意思.王元先生指出:数学竞赛进入高层次后,试题内容往往是高等数学的初等化.这不仅给中学数学添入了新鲜内容,而且有可能在逐步积累的过程中,促使中学数学教学在一个新的基础上进行反思,由量变转入质变.中学教师也可在参与数学竞赛活动的过程中,学得新知识,提高水平,开阔眼界.事实上,已有一些数学教学工作者在这项活动中逐渐尝到了甜头.

因此,数学竞赛也可能是中学数学课程改革的催化剂之一,似乎比自上而下的"灌输式"办法为好.(20世纪)60年代初,西方所谓中学数学教学现代化运动即是企图用某些现代数学代替陈旧的中学数学内容,但采取了由上往下灌输的方法,结果既脱离教师水平,也脱离学生循序学习所需要的直观思维过程.现在基本上被风一吹,宣告失败了.相反的,数学竞赛也许是一条途径.在中国,中学生的高考压力很重,中学教师为此而奔波,确有路子愈走愈窄之感.数学竞赛或许能使中学数学的教学改革走向康庄大道.(王元.数学竞赛之我见.自然杂志,1991,13(12):787-790)

本文集的一贯宗旨是"平民化""草根化""外行化"."平民化"是指我们要给普通数学教师以机会让他们展示数学才华,而大多数数学杂志过于贵族化."草根化"是指我们要给那些体制之外生存的数学爱好者以交流的平台.现在数学资源绝大多数被体制内人士所把持,垄断文化资源令"草根们"在文化层面上无片瓦,下无立锥之地.这是中国社会缺乏活力的根源之一."外行化"是指要让学数学的人展示点儿数学之外的才华,或让不学数学的人对数学发表点议论,使数学圈成为一个开放系统.

据北京大学孙小礼教授介绍,她的1950年清华大学数学系的同学杜珣除了写出《现代数学引论》一书外还写了两个大部头的《阆苑奇葩》(80万字)和《闺海吟》(上、下册)(时代文化出版社,2010),并且在北大连续8年开设了一门全校公共选修课:中国近代妇女文学史,讲述从先秦两汉到辛亥革命前后的妇女文学,选读这门课的文理各科学生,每年都在百人以上.

另外还包括非数学圈内的人展示数学才华.被杜维明赞誉有博大精深的学问、深厚的文化背景、融会贯通的知识的史学家张绥先生近年出版了一本百万字的大书《中国人的通史》(上海人民出版社),但很少有人知道他还写了一本书叫《数学和哲学》,而且还是谷超豪院士为之作的序.可见数学功力之深.原来张绥先生在1960年进入北大历史学系读书的8年时间,除了听翦伯赞、邓广铭等大师的历史课,还旁听了5年北大数学系的课.

其实到了更高层次上就会出现那种"一切艺术都是相通"的现象.数学界与物理界有一个大牛人威腾.威腾的经历对我们也很有启发.他大学时学习历史,还参加过美国总统的竞选写作班子,读研究生时才转到物理系而成为数学物理大师.这样的例子还有著名的拓扑学家在证明庞加莱猜想中做出重大贡献的瑟斯顿,他在大学读的是生物系;大数学家鲍特大学时专业是工程.

本文集还有另一个特点是钻"故纸堆",这与本主编的价值取向有关.本主编从不逛大书城只偏爱潘家园.偏狭地认为老的即是好的.有人说拯救遗产是没有必要的.拿音乐来说,现在很多人提倡保护民间的音乐资源,但是如果这种音乐是一种好的东西,自然会被人发掘出来,发扬光大.比如二手玫瑰、山人乐队,那是因为人们骨子里需要这种东西,而花钱整理的许多音乐可能都没有用到,可能是因为这个时代已经不需要它了.有一句话说得好,活着的东西才是真理,虽然这有点极端.只有自发的行为才能让这个东西延续下去.

出版社在大学是个非主流单位,因其名不高、利不厚而不入高层法眼,而作为出版人,我们还是有一份自豪与自傲在.民国十年的春末夏初,高梦旦先生决定辞去商务印书馆编译所所长的工作,希望时在北京大学工作的胡适先生继任.高梦旦对胡适说:"北京大学固然重要,我们总希望你不会看不起商务印书馆的事业."而胡适的回答则是:"我决不会看不起商务印书馆的工作.一个支配几千万儿童的知识思想的机关,当然比北京大学重要多了,我所考虑的只是怕我自己干不了了这件事."

我们批了多年的胡适先生还是有点儿境界的.

寥寥数语,仅以为序.

刘培杰
2011.5.27

数学奥林匹克不等式研究

杨学枝

内容简介

本书介绍了初等不等式的证明通法和各种技巧. 书中收集了大量国内外初等不等式的典型问题,还有大量作者自创的题目,内容新颖,富有启发性. 本书对难度较大的不等式的证明过程叙述比较详细,证法初等. 因此,本书完全适合高中以上文化程度的学生、教师、不等式爱好者以及不等式研究方面的有关专家参考使用. 同时本书也是一本数学奥林匹克的有价值的参考教材.

序　言

杨学枝先生这本书,堪称初等不等式研究领域的一部巨著. 这主要不是指它洋洋洒洒 60 万言的篇幅,而是指其内容和意义. 不同于我们熟知的匡继昌先生的大百科全书式的工具性专著《常用不等式》,杨学枝先生这本是通过大量典型和非典型问题的例解来系统阐述初等不等式证明的多种方法和技巧的专著. 过去国内学者出版过一些讨论初等不等式的小册子,但其力度和覆盖面都不能和本书相比. 尤其是,我感觉本书有一个鲜明的特色,对各章节问题的解力求简洁精妙往往另辟蹊径,全书凝结着作者的经验、智慧、灵感和巧思. 本书不仅可作为奥数参考书籍,更可以作为初等不等式研究的重要文献.

譬如第十一章包括的十多篇精彩的文章,由于篇幅限制在期刊中只发表过部分内容,在本书中才得以一窥全貌.其中包含了不少富于启发性的确有参考价值的材料.

我原本不知道杨学枝先生.1983 年我和张景中先生在北京马甸参加第四届双微会议期间,在某次分组会上,来自美国的知名数学家 M. Shub 提到一个几何不等式:"在三角形 ABC 三边上各取一点 P,Q,R 使得它们恰好三等分三角形 ABC 的周界.求证三角形 PQR 的周界不小于三角形 ABC 的周界之半."他说这是一个许多人知道但不会证明的难题.若干年之后可能是单墫教授告诉了我杨学枝先生对该不等式的独具匠心的精巧证明,留下了极其深刻的印象.虽然后来我在加拿大一个级别较高的期刊上看到了一个相当冗繁的证明,相比之下,轩轾立见.俗话说:行家一出手,就知有没有.不到炉火纯青,不可能有这样的身手.

那以后我开始关注杨学枝先生的工作.特别是通过"不等式研究小组""不等式研究网站"和两次不等式学术会议同他有了较多的接触和联系.20 世纪 90 年代中期以后我的研究兴趣集中于"计算实代数几何",即不等式的机器与自动发现.如何将不等式的证明和发现的传统和现代的思想、方法和技巧纳入机械化和自动化的框架并在计算机上有效地实现,这是我十几年来一直关注的课题.这期间我对学校先生在不等式研究领域的精深造诣和丰厚积累有了更多的了解,更由衷钦佩先生数十年如一日锲而不舍地献身于一个毫无功利可图的科学目标.我相信,这部凝结了学校先生数十年心血的宝贵专著,不仅有益于奥数研究,且必将对整个初等不等式的研究领域产生重要影响.

杨　路
2009 年 6 月 10 日
于丽娃河畔

前　言

不等式证明是国内外数学竞赛的一个重要课题,也是中学数学教学的重要内容之一.不等式证明,其内容较为广泛,综合性较强,证法灵活性较大,难度较高,因此,它更是数学奥赛的热门课题,常受命题者青睐. 另外,在不等式证明过程中,往往要综合应用数学各方面知识和多种数学思维方法,无固定证明模式,因此,不等式的证明过程是对数学思维的很好训练. 正因为如此,长期以来,不等式证明在高中数学教学和数学竞赛中都备受人们的高度重视.

不等式的证明没有绝对的套路和统一的证法模式,常因题而异. 有时,同一道不等式证明题,会有许多种证法,有的证明还需多种方法并用,方可奏效. 对于同一道不等式,由于证法不同,其效果与作用也往往不同. 有的证法繁杂,有的证法简捷,有的可用通法证明,有的需用到某些技巧证明. 一般来说,简捷的初等的证法是比较好的证法,但也不乏有的较繁些的证法,它可有效地用到其推广后的不等式的证明,或由之牵出或拓广相关不等式. 在不等式证明中,有的证法带有共性,有的证法具有个性,还有的证法妙趣横生,它可以揭示某些不等式的本质,拓展其内涵,可挖掘出许多新颖且有价值的内容. 因此,在不等式证明中,探究其证法显得尤其重要.

证明不等式虽然没有定规定法,即没有"灵丹妙药",但这并不等于说不等式的证明就无规可循,无法可依. 掌握不等式的基本规律和一些基本证法(通法)是不等式证明的基本功. 有了基本功,再进一步了解和掌握一些技巧证法,那么,对不等式的证明就更有把握了.

从不等式的证明思想来看,不等式证明总的说可以划分为两大类,一是用等价变换法证明不等式,二是用非等价变换法证明不等式. 通常情况下,在不等式证明中,如用恒等变换法(含配方法)、求差比较法、变量代换法、数形结合法等,属于等价变换的证法范畴;用放缩法、应用基本(重要)不等式法、微积分法、调整法、数学归纳法、设参法、利用函数单调性等,属于非等价变换的证法范畴. 在本书中,我们将着重举例介绍不等式证明中几种行之有效(尤其在证明难度较大的不等式时)的常用的证法及其灵活应用. 本书在所收集的例题与练习中,注意到尽可能囊括不等式的各种证法(通法与技巧). 书中多数例题与练习的解答是笔者独立给出的,但也许有的解答人家早已给出,而笔者还不知道.当然,笔者不能保证所有证法都是最佳的,也可能是最笨的证法,但求能起到抛砖引玉之用.

本书初稿写于2004年2月,后经多次修改,完稿时间为2009年5月.本书中整理了笔者多年来的数学竞赛讲座稿和几十年来不等式研究的部分成果.其中问题一部分来源于国内外数学竞赛题或训练题,一部分来源于有关网站上提出的问题,凡明确来源的均作了说明.还有相当一部分是笔者的自创题(有的也许别人就已发现,而笔者却不知晓)或改造题,这些题均注明了在刊物上发表的时间或创作时间.在选题时,注意到了代表性、新颖性、深刻性及挑战性,因此,本书中的不等式及其证明较有参考价值,但由于笔者水平有限,难免有许多疏漏或不尽如人意之处,望读者提出批评意见.

本书得以出版,笔者要感谢我的导师杨路教授在百忙中抽出时间为本书写序,特别要感谢导师杨路教授以及我的好友周春荔教授、杨世明老师、吴康副教授等长期以来对我的初等数学研究,尤其在不等式研究方面所给予的极大的鼓励、关心、支持和帮助,才使笔者在初等数学研究和不等式研究中有所收获.刘培杰老师为本书的出版付出了很多心血,哈尔滨工业大学出版社的编辑们为之付出了辛勤的劳动,还有我的儿子杨文花费了大量时间打印了本书的初稿,在此一并表示深切的感谢!

杨学枝

二〇〇九年五月一日

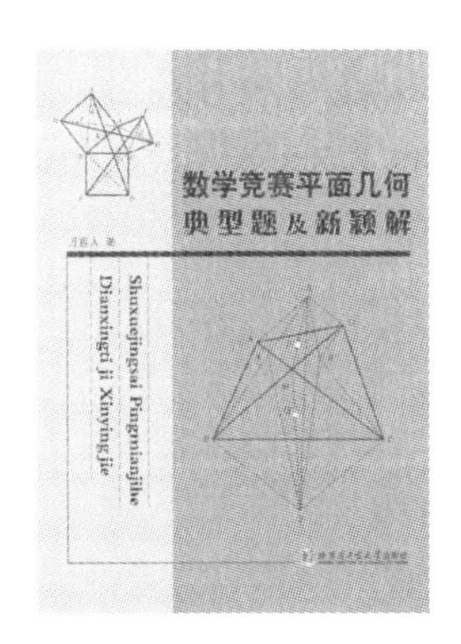

数学竞赛平面几何典型题及新颖解

万喜人

内容简介

本书从国内外各级数学竞赛中精选提炼出百余道具有典型性的平面几何试题,分为十种题型,各题型由易到难分为 A,B,C 三类. 每道题都有多种解法. 在解题方法的使用上,更注重于常规的平面几何方法,每道题都有作者首创的解法,突出了“新颖”一词. 本书以大量的具体的事例说明:可以采用常规的而又灵活的方法,简洁地解决平面几何难题,有利于拓展读者的视野,开启读者的思维,扎实地训练读者的基本功.

本书适合于优秀的初高中学生尤其是数学竞赛选手、初高中数学教师和中学数学奥林匹克教练员使用,也适合于平面几何爱好者使用.

前　言

平面几何是训练学生严格、简洁、灵活的演绎推理能力的最好课程. 在各种类别、层次的数学竞赛活动中,平面几何试题始终占据着重要的地位. 全国高中数学联赛加试中规定有一道平面几何题,近十多年的 IMO 试题中,平面几何试题甚至占到了总量的三分之一. 因此,对于有志在数学竞赛中取得好成绩的学生来说,过好平面几何这一关显得非常必要,同时也特别重要.

本书从上千道平面几何试题中精选提炼出具有典型性的试题一百余道,分为十种题型,各题型由易到难分为 A,B,C 三类. A 类题指全国初中联赛级试题;B 类题指全国高中联赛、省市高中竞赛、全国女子竞赛、西部竞赛、东南竞赛试题等;C 类题指 IMO 试题或预选题、世界各国数学奥林匹克试题、中国国家队选拔赛试题或训练题等.

每道题都有多种解法,部分题目还在前面有分析,后面有以总结归纳解题方法为主要内容的评注. 在解题方法的使用上,更注重于常规的平面几何方法,突出了"新颖"一词,每道题都有作者首创的简洁、灵活的解法,而没有把推理过程冗长、运算量较大或者广为流传的解法全部罗列上.

有些平面几何试题,尽管已有多年的历史,但标准答案和其后各种书刊中的解法都是三角法、解析法等非几何解法,而本书给出了"纯几何法",且解法并不复杂(请参阅第 21 题、第 35 题、第 66 题等).

之所以注重使用常规的平面几何方法,是因为平面几何方法极富技巧性、趣味性,能更好地拓展学生的视野,开启学生的思维,扎实地训练学生的基本功,更有利于揭示几何试题的神秘性,消除学生的畏惧心理,从而渡过平面几何难关,这正是编写本书要达到的目的.

本书适合于初高中学生尤其是数学竞赛选手、初高中数学教师和中学数学奥林匹克教练员使用,也适合于平面几何爱好者使用.

本书的编写,得到了湖南师范大学沈文选教授的大力支持和热情帮助,他对全书作了认真仔细的校正,并提供了一些精美的解法,在内容的整理编排过程中,自始至终给予作者技术指导. 本书内容主要取材于 1993 年至 2009 年的《中等数学》杂志,在编写中参考了沈文选教授的相关著作. 在此特向沈教授及书中问题的提出者、解答者、翻译者表示衷心的感谢.

本书是作者近二十年学习研究的成果，因为资料的积累经历多年，加之作者水平有限，书中难免有疏漏与不足之处，敬请同行和读者斧正（电话：13467566578，e-mail：wanxiren@yeah.net）。

万喜人
2009年9月
于长沙

数学奥林匹克不等式证明方法和技巧(上)

蔡玉书

内容提要

本册共包括十三章:第一章比较法证明不等式,第二章二元、三元均值不等式的应用,第三章均值不等式的应用技巧,第四章柯西不等式及其应用技巧,第五章联用均值不等式和柯西不等式证明不等式,第六章柯西不等式的推广、赫德尔不等式及其应用,第七章不等式 $a^{m+n}+b^{m+n}\geqslant a^{m}b^{n}+a^{n}b^{m}$ 及其推广——米尔黑德定理的应用,第八章舒尔不等式的应用,第九章排序不等式与切比雪夫不等式及其应用,第十章琴生不等式及其应用,第十一章放缩法证明不等式,第十二章反证法证明不等式,第十三章调整法与磨光变换法证明不等式.

本书适合于数学奥林匹克竞赛选手、教练员参考使用,也可作为高等师范院校、教育学院、教师进修学院数学专业开设的"竞赛数学"课程教材及不等式研究爱好者参考使用.

序　言

不等式在数学中占有重要的地位. 自 1934 年哈代、李特伍德、波利亚的名著《不等式》(越民义译,科学出版社,1965) 问世以来,有关不等式问题的研究层出不穷, 文章、著作也很多. 如 Beckenbach, Bellman, *Inequalities*; Mitrinovic, *Analytic Inequalities*; Mitrinovic, Pecaric and Volenec, *Recent Advances in Geometric Ine-*

qualities. 我国的研究者更是非常之多,宁波大学的陈计先生就是其中最突出的一位;匡继昌先生的《常用不等式》对不等式作了详细的总结;杨路先生给出了不等式的机器证明,他发明的软件 Bottema 可以在几秒钟内完成一个不等式的证明.

数学奥林匹克中不等式的题目甚多,几乎每届 IMO 与 CMO 都有一道不等式. 在我国高中联赛中,不等式也是屡见不鲜. 为什么不等式受到命题者的青睐呢? 至少有以下理由:

首先,不等式的题多如牛毛,每一年都有大量的新不等式出现,可供选用.

其次,不等式的题有各种难度,可以较好地区分出选手的水平.

最后,或许是最重要的一点,不等式最能反映出选手的创造能力. 很多不等式无法搬用固定的方法,必须自出机杼,给出新颖的解法,这与平面几何颇为类似. 现在,在竞赛中,不等式似乎已经可以与平面几何分庭抗礼了.

蔡玉书先生的这本《数学奥林匹克不等式的证明方法和技巧》,内容丰富,全书24 章,共有例题200 多道,练习题1 000 多道,可见作者搜罗之勤. 因此,这本书也可以作为一本题典使用.

这么多的题,读者想全部做完,不太现实,也没有必要. 比较好的办法是从中选出一部分来做,必须自己独立做,不要先看解答. 一遇题目就看解答,往往会束缚思想,不利于提高解题的能力. 这本书的练习题都给出了解答,是一件大好事,不仅为教练员提供了资料,而且给勤勉的读者提供了锻炼能力的机会,自己做好后可以跟答案对照,甚至可以找到更好的解答. 当然,初学者可以先选例题来做,实在做不出,可以看书上的解答. 即使书上有现成的解答,也必须自己先做. 在做的基础上再看解答,体会才会较深,收获才会较大. "金针线迹分明在,但把鸳鸯仔细看." 看解答,要仔细,不应只看到"绣好的鸳鸯",更要看出绣鸳鸯的方法. 掌握"金针",才能融会贯通,举一反三.

24 章的内容,请读者自己看书,我就不再饶舌了.

单　墫

2010 年 9 月

前　言

20 多年前刚参加工作不久时，我就对竞赛中不等式的研究产生了浓厚的兴趣，曾经整理了许多不等式的试题及解法，足足写了两本厚厚的笔记. 随着时间的推移，笔者对不等式的研究兴趣有增无减，2005 年参加江苏省数学奥林匹克夏令营时开始着手把自己整理的不等式的有关材料写成一本书，即《数学奥林匹克不等式证明方法和技巧》. 经过近六年的辛勤劳动和刻苦努力，它终于和广大读者见面了.

纵观数学奥林匹克，无论是国际数学奥林匹克，还是中国和其他国家的数学奥林匹克，不等式的试题都会出现. 再加上不等式的证明试题具有很高的技巧性和挑战性，所以在竞赛中备受命题组委会的青睐，因此有一本详细的资料供人参考是很有必要的.

本书精选了近年来国内外各级各类数学奥林匹克试题 1 000 多道，编成24 个章，它几乎包括了常见的竞赛不等式的证法，它大大地节省了教师收集资料的时间，且大多数章节是作为教师的竞赛讲座材料给出的. 本书具有科学性、知识性、实用性、资料性和可读性强的特点，它是广大数学奥林匹克教练员研究竞赛不等式，指导学生参赛不可多得的参考文献，也适合不等式研究爱好者参考使用.

全书的例题的解答有些出自试题组委会提供的参考解答，有些出自名家之手，有些是数学期刊的优雅解法，更多的是来自作者的辛勤劳动. 典型的如1996 年伊朗的一道奥林匹克试题是在本人研究了对称不等式的 SOS 方法后将它圆满解决的. 2006 年江苏省冬令营单墫教授给出了一种较为简洁的方法，本书一并把它介绍给读者，这便是出自名家之手的解答.

本书的习题，有 1 000 多道，所有的习题都给出了证明过程，但我们希望读者尤其是准备参加各类竞赛的选手不要放弃每一个练习的机会，正如单墫教授所说的那样："只有动手做一做，才能体会试题的难度和解决问题的技巧和方法."

著名数学家、教育学家波利亚（G. Pólya，1897—1985）一直强调未来的中学数学教师应当学习解题，他尤其鼓励教师们解一些有挑战性的试题.他曾经这样说过:“一位好的数学老师和学生应努力保持解题的好胃口.”要想熟练地掌握数学奥林匹克中不等式证明的方法和技巧,最好的方法莫过于经常动手解题.本书中每个章节都给出了典型不等式赛题的优雅证明方法,章节后的类似的习题则要求读者自己去完成.由于书中习题来自各国各地区的奥林匹克试题和集训队试题,难度之大可想而知,一时做不出来,不要灰心丧气,也不要急于查找现成的试题解答,可以与同学组成不等式研究小组一起探讨.希望读者最好从各章节的相关的例题中汲取精华和营养,培养自己独立地闯过难关的能力,从而找到解题的乐趣.

本书的写作过程中得到了单墫、熊斌、余红兵、叶中豪教授和很多奥林匹克专家的大力支持和帮助,著名数学家、教育家、国家级奥林匹克教练、南京师范大学博士生导师单墫教授在百忙中认真地阅读了书稿,并为本书作了序.对于一直支持本人工作的苏维宜、王肇西、冯惠愚、葛军、董林伟、祁建新、夏炎、陈兆华、潘洪亮、韩亚军等同志表示感谢,同时感谢武炳杰、赵斌等同学对本书的支持和关心.

由于我们的水平有限,疏漏与不足之处实难避免,望读者不吝赐教.

希望本书能给广大教师和学生一点帮助.

蔡玉书
2010 年国庆节
于苏州

数学奥林匹克不等式证明方法和技巧(下)

蔡玉书

内容提要

本册共包括十一章:第十四章函数和微积分方法证明不等式;第十五章几何方法证明不等式;第十六章数学归纳法证明不等式;第十七章运用 Abel 变换证明不等式;第十八章分析法证明不等式;第十九章不等式证明中的常用代换;第二十章含绝对值的不等式;第二十一章不等式与函数的最值;第二十二章数列中的不等式;第二十三章涉及三角形的不等式的证明;第二十四章几何不等式与几何极值.

本书适合于数学奥林匹克竞赛选手、教练员参考使用,也可作为高等师范院校、教育学院、教师进修学院数学专业开设的“竞赛数学”课堂教材及不等式研究爱好者参考使用.

编辑手记

这是一本由中学数学教师撰写的专著.作者工作于苏州一中,这是一所颇有历史传统的中学,在中国教育史上有一定地位.1936 年著名气象学家竺可桢先生初任浙江大学校长时,报考浙大的考生来自全国各地,成绩出来后,他在1936 年9 月4 日

的日记中写了这样一段话:

"苏省上海中学占百分之六十,而南通中学,扬州中学均不恶.苏州中学报考之人占第一位.计九十一人,较杭高之八十二人尚多.但所取则仅二十三人.南开中学并不见佳.北方以北师大附中为佳."言外之意苏州一中在高考成绩(当然不是现在的统一高考)上介于上海模范中学与南开中学之间.曾就读于天津南开中学的历史学家何炳棣在回忆录《读史阅世六十年》中都承认:"事实上,(20世纪)二十年代江浙若干省立中学的数理化教学都比南开严格."

拿到这部厚厚的稿子笔者在想两个问题,第一个问题是:除了讲硬件设施比大楼,讲升学率比状元外中学到底还能怎样办.第二个问题是:除了按新课标做公开课,围高考指挥棒归纳题型,中学数学教师还能有什么作为?

先回答第一个问题,现在的教育现实令许多人不满意.以史为鉴似乎是一种思路.1929年毕业于北京师大附中的钱学森曾说:

> "我对师大附中很有感情.在附中六年所受的教育,对我的一生,对我的知识和人生观起了很大作用.我在理工部学习,正课和选修课有大代数、解析几何、微积分、非欧几何(高一时几何老师是傅种孙先生).物理学用美国当时的大学一年级课本.还有无机化学、有机化学.有些课用英文讲,到了高二要学第二外语,设有德语、法语.伦理课是由校长林砺儒先生教.我今天说了,恐怕诸位还不相信,我高中毕业时,理科课程已经学到我们现在大学的二年级了".

曾任华中理工大学校长的中国科学院院士朱九思先生曾说过:

> "我很幸运,青少年时上的中学是当时很好的一所中学——江苏省立扬州中学……课程设置很丰富,如普通英语课程外,还开了《英语修辞学》.这本是大学英语系的课.又如植物学、动物学、矿物学,在一

> 般的中学是一门课,我们中学分别开了三门课,内容就充实多了.另外,高中数理化用英文版教材;建了当时很气派的实验楼,还有一台很小的教学用X光机,可以演示给学生看;舍得花钱买书,图书馆藏书比较丰富,等等,都是当时中学少有的."

我们再来谈谈第二个问题,作为一个中学数学教师进可以入高等数学领地攻城略地、成名成家,退可教书育人、桃李芬芳.前者如攻克了斯坦那系列和冠克曼系列世界难题的包头9中的物理教师陆家羲.获得国家科技进步特等奖,开创了机械证明领域的吴文俊.吴文俊1940年从上海交通大学毕业,时值抗日战争,因家庭经济原因经朋友介绍到租界里一所育英中学工作.1941年12月珍珠港事件后,日军进驻各租界,而后他又到上海培真中学工作,其实从中学数学教师起步一直到成为数学大家在中外数学史上都不乏其人.

德国大数学家魏尔斯特拉斯就是其中典型的一位.他曾于1841年秋至1842年秋在明斯特文科中学见习一年,1842年转至西普鲁士克隆的初级文科中学,除数学、物理外,他还教德文、历史、地理、书法、植物,甚至于在1845年还教体育.著名数学家古德曼(Gudermann)在看到魏尔斯特拉斯的求椭圆函数的幂级数展开式的论文后评价说:"为作者本人,也为科学进展着想,我希望他不会当一名中学教师,而能获得更为有利的条件……以使他得以进入他命定有权跻身其中的著名科学发现者队伍之中."类似魏尔斯特拉斯这样经历的数学家很多.如曾任教于其同校约阿希姆斯塔尔文科中学的弗罗贝尼乌斯(Frobenius).

目前在中国除了因《百家讲坛》而有了一定知名度的纪连海和曾经写过小说《班主任》的刘心武之外,广大的中学教师的普遍知名度是低的.这不表明中国的中学教师水平低,而是没有发挥空间.一位中学校长曾向朱永新(中国教育学会副会长)抱怨说:中学根本不是校长在办学而是教育局在办学.因为教什么、教多少、怎么教、用什么课本、考什么题甚至包括课堂教学的形式都被规定好了.只有规定动作没有自选动作.校长只是个执行者更何况一个普通教师.这一点我们同俄罗斯有相似之处.在潘德礼所著的《俄罗斯》(北京:社会科学文献出版社,2005:395-407)一书中评价道:“苏联教育系统固有的特点是:国家垄断、官僚主义的中央集权管理制度、学校生活以及儿童和青年组织的生活过分政治化等造成苏联学校的目的虽然是培养全面发展的人,但教育系统的活动在许多方面并不指向创造性的探索和学生个性的发展,而是指向普遍的平均化、一般化,旨在完成社会的要求.苏联学校培养的青年是在一个盲从的、同时又具有高度集中与统一的社会中工作.毕业生懂得不少关于周围世界的理论知识,但在实践中会做的事情却很少,他们被剥夺了主动性和自主性.苏联学校的制度是整齐划一的,其教育教学过程的形成和方法也是千篇一律的;它对所有各级教育水平的教学大纲和方法论也是一模一样的,这就是这种划一性的反映.教师按统一的标准培养‘符合标准的’儿童,却忽视了活生生儿童的个性特点.”解决之道有二.一是纵看以史为镜.笔者手中有一本当年北平厂甸师大附中算学业刻社印行的《高中解析几何教科书》(下卷),由闵嗣鹤、郎好常编译,傅种孙、程廷熙参校的其难度已接近现今大学数学系所学空间解析几何.其最后三节为空间曲线与方程,曲线之射影柱面,空间曲线之参变方程.相比之下对“钱学森之问”是否读者心中已有答案.二是横向比,由于我们的教育制度的建立是以前苏联为模式的.所以改革也应该还是以俄罗斯为例.

1988年12月召开的全苏联教育工作会议提出了中小学改革的十项基本原则:

(1)教育民主化.消除国家对教育的垄断;分散教育管理权,教育私有化(包括地方化);中小学学校的独立性(包括选择自己的发展战略、目的、内容、组织和工作方法,法律的、财务的和经济的独立);教师创造性的权利(选择教科书、评价方法、教学艺术等);学生选择学校与学习重点的权利.

(2)教育多元化.从教育体系单一形式变成多种形态,从目的、内容、教学方式等方面提供多角度、多种形式、多种方案的选择.

以下不列.仅此两条足矣.

中学教师著书立说,中外皆有,是个普遍现象.大者可以为人类文明大厦添砖加瓦,小者可以向社会彰显个人聪明才智.前者如斯宾格勒所著之《西方的没落》.这位中学教师出身但知识渊博的历史学家以此开创了文化比较研究的先河.尽管他之前的莱布尼兹、伏尔泰、歌德、黑格尔对世界各种文明的兴趣使他们自觉不自觉地从事了文化(或哲学、思想)的比较工作.后者如冯志刚著的《数学奥赛导引》,在2003年湖南长沙召开的全国数学奥林匹克理论研讨会上冯志刚先生送给笔者一套.这可以说在当时代表了中学数学教师的一个新高度.今天笔者又有幸看到了蔡玉书先生的这部巨著.

在这部大作中,作者收罗之勤令人惊叹.似乎在不等式研究领域只有匡继昌与王挽澜老师的著作在篇幅上可与之比肩.在难度上只有杨学枝老师、韩京俊同学的著作与之相提并论.当然专门论及高等领域的张小明与石焕南两位先生的著作与之方向不同,所以不做比较为好.

徐志摩有几句话是这样写的:

"你再不用想什么了,你再没有什么可想的了.
你再不用开口了,你再没有什么话可说的了."

笔者以为读完本书,对于数学竞赛中的不等式问题也确实再没有什么可想、可说的了.因为它已经太完备了,叹其为观止当不为过.如果非要做一点评论的话,似乎机械罗列有余,有机结合不足;平面式陈述有余,而上下溯源左右纵横不足.但对于一个中学教师来讲谈这些似乎有点求全责备了.因为不论怎样,凭一己之力独自完成如此巨著已经是可喜可贺了!

刘培杰
2011年7月15日
于哈工大

数学奥林匹克不等式散论

邓寿才

内容简介

全文共包括探索无限、关于一个三角不等式的研究、关于一道德国数奥题的解读、几道数奥巧题的多种解证等十篇长文.

本书适合于高等学校相关专业师生,数学奥林匹克选手及教练员和数学爱好者参考使用.

序 言

记得高尔基说过,所谓的才华,就是对某一事物的兴趣.

这是一本农民出身的自学者的业余之作. 作者邓寿才在今日中国几亿农民中是一个异数. 他参加过高考,虽然数学得了高分但还是落榜. 在农村面朝黄土背朝天的艰苦劳作之余,夜深人静,一灯如豆,钻研数学并从其中得到了莫大的快乐. 后随打工潮到了广东,从事着最艰辛的体力劳动,成为一名地道的农民工,但他没有因地位卑微就放弃对梦想的追求,几十年下来写下了大量文字. 在今天许多大学生身处大学良好的学习环境,却终日泡网吧,打游戏的厌学时代,邓寿才确实具有一种榜样的力量. 从早年中国高玉宝的《我要读书》到英国兰姆的《牛津度假记》类似的事迹,举不胜举. 英国散文家兰姆少年时代成绩很出色,但因口吃上不了大学,他后来就不时跑去牛津大学看书散步，想象自己是个学生，在他那篇《牛津度假记》中他这样写道：

> “在这，我可以不受干扰地散步，随心所欲地想象自己得到了什么样的学历，什么样的身份，我仿佛已经获得了该项学历，过去失去的机会得到补偿，教堂钟声一响，我就起身，幻想这钟声正是为我而鸣，我心情谦卑之时，想象自己是一名减费生、校役生. 骨子的傲气一抬头，我又大摇大摆走路，以自费上学的贵族子弟自居. 我一本正经地给自己授予了硕士学位，说实在话，跟那种体面人物相比，我也差不多可以乱真.”

从邓寿才先生的成长经历中笔者感触最深的一个词是自由，是那种精神的自由. 高尔泰说：美是自由的象征！

关于精神自由，中国古代文学典籍里比比皆是，如杜甫诗云：“送客逢春可自由”（杜甫《和裴迪登蜀州东亭送客逢早梅相忆见寄》）；王安石诗歌：“我终不嗔渠，此瓦不自由.”（王安石《拟寒山拾得二十首之四》）；柳子厚诗云：“春风无限潇湘意，欲采蘋花不自由.”（柳宗元《酬曹侍御过象县见寄》）；宋代僧人道潜也有诗歌提到自由：“风蒲措措并轻柔，欲立蜻蜓不自由.”（道潜和尚《临平道中》）这些关于自由的抒情说辞，都是关乎心灵状态，让人想起某种无拘无束的超脱之感.

有人说中国农村真穷，中国农民真苦，中国农业真危险，依我看这些都不致命，致命的是中国农民没梦想了，不敢想了. 这使我们想到杜拉斯所说：“爱之于我，不是肌肤之亲，不是一蔬一饭，它是一种不死的欲望，疲惫生活中的英雄梦想.”

人生不能没有梦想，我们无法想象，人类失去梦想，世界将会怎样. 现在许多有识之士在担忧中国阶层的板结化，上升通道的世袭化，笔者曾有过几次短暂的国外逗留，给我感触最深的是自由，自由迁徙，自由择业，自由梦想，这三个自由在中国虽历尽辛苦，但邓寿才做到了，而且他同一般民科有本质的区别.

微博如今大行其道,而微动力的精神实质,就是著名博主冉云飞屡次申明的"日拱一率,不期速成".IT名人胡泳引用朱学勤先生《让人为难的罗素》中罗素赞成的实践方式是:"每天前进一寸,不躁不馁,…… 纵使十年不'将'军,却无一日不'拱'卒."

民科们动辄宣称证明了哥德巴赫猜想、黎曼猜想、费马大定理,闻之心惊肉跳,而本书作者绝不好高骛远,只取初等数学中的不等式一块深入发掘,终小有收获.

作为本书作者的发现者之一,为了作者将来的成长性,还是要点评一下这位业余作者的不足之处,本书作者的一大喜好是抒情过度化,并不是说学理的人没有文学才能,恰恰相反,理科怪才不乏文科大才.

在20世纪80年代初有一部非常轰动一时的话剧叫《于无声处》.其作者叫宗福先,而宗的老师是曲信先先生,曲先生原是一位理科大学生,1963年,曲信先在中国科技大学生物物理专业读三年级,由于他业余写的一本话剧剧本《斯巴达克斯》受到时任校长郭沫若的赏识,被推荐到上海戏剧学院学习,由院长熊佛西单独授课,一位理科怪才终成文科大才.

学数学的人都崇拜华罗庚、苏步青、陈省身、柯召、王元等大家,他们确实是文理兼备,学贯中西,琴棋书画,笔墨丹青,但那毕竟是少数顶尖人物,如果我们没有那些旧学功底最好不要理中带文,因为那样很容易画虎不成.

第二,本书结构过于平淡,写数学书也要像古时做文一样,喜突不喜平.不能老是提出一个例题,然后推广A,B,C,…

李敖说:中国人评判文章,缺乏一种像样的标准,以唐宋八大家而论,所谓行家,说韩愈文章"如崇山大海",柳宗元文章"如幽岩怪壑",欧阳修文章"如秋山平远",苏轼文章"如长江大河",王安石文章"如断岸千尺",曾巩文章"如波泽春涨"…… 说得玄之又玄,除了使我们知道水到处流,山一大堆以外,实在摸不清文章好在哪里?好的标准是什么?

数学文章写得好很难,而且很难提出一个标准,但榜样总是有的,如华先生、闵先生及常庚哲先生、单墫先生等.

第三是新方法的提出,本书尽管推广了很多,但方法始终是幂平均、琴生、切比雪夫、赫尔特、杨克昌等不等式，可以说无它，唯熟练耳！

早在1930年6月，陈寅恪先生为陈垣《敦煌劫余录》作序时，就指出：

"一时代之学术，必有其新材料和新问题. 取用此材料，以研究问题，则为此时代学术之新潮流. 治学之士，得预于此潮流者，谓之预流，其未得预者，谓之未入流，此古今学术史之通义，非彼闭门造车之徒，所能同喻者也."

其实陈先生是希望按顺序完成发掘新材料，引进新理论，提出新问题，得出新结果这几个学术步骤，不可缺，不能乱.

所以基于以上几点，笔者希望作者能少抒情，多理论，少平淡，多奇峰，少旧法，多新意，特别是多攻克那些尚未被证明的不等式，以显示其功力.

总之，本书及本书作者是中国农村的一株奇葩！

刘培杰

2011.5.1

于哈工大

历届国际大学生数学竞赛试题集(1994—2010)

王丽萍

内容提要

国际大学生数学竞赛是国际上较高层次的大学生参加的高级别数学竞赛.本书汇集从第1届至17届国际大学生数学竞赛的试题及其解答.

本书适合于大学数学系师生及相关专业研究人员和数学爱好者使用.

前　言

据美国弗吉尼亚大学经济系专门研究教育和劳动力经济学的博士生兰小欢研究,美国的数学新博士的真实工资有十多年没涨过了,原因是博士生供给数量大增(数据来自 Survey of Earned Doctorates).

本来在20世纪80～90年代,美国的数学家日子过得很舒服,但从1985年开始,由于中国的改革开放,大批中国学生涌入美国数学系,于是20世纪90年代初期,美国数学家找工作开始困难.雪上加霜的是,1990年左右,苏联解体了,一下子涌入美国数学系和物理系的来自东欧的神秘天才们的数量增长了356%.到20世纪90年代中后期,数学系毕业生更难找到工作了,一个标志性的数字是两次事件后,选择博士后的人数从最初的10%增加到了20世纪90年代末的40%.

这件事说明,能对美国数学研究就业市场造成冲击的三股力量分别来自于中国、俄罗斯和东欧,前两者(包括美国)的大学生数学竞赛试题集,本工作室已出版完毕,现在该轮到东欧了.

本书是始于东欧的大学生数学竞赛的试题集,在日语中有"即使腐烂也是鲷鱼"这样一句话,意思就是一流的东西即使衰败了,也还会保留着一缕光辉.

东欧是国际中学生数学竞赛的发源地,也是20世纪初世界数学的重镇,张奠宙先生曾在20世纪80年代写过一本名为《二十世纪数学史话》的书(张奠宙,赵斌.现代化知识文库《二十世纪数学史话》,知识出版社,上海),其中专有一章(第六章)就叫"波兰学派的崛起",书中介绍经历了第二次世界大战(年轻的数学家多半战死沙场)及东欧剧变(数学家大多逃到欧美)之后,东欧的数学实力有所衰退,但他们的数学传统还在,就像今天的英国仍隐现着昔日大英帝国日不落的余晖一样,今天东欧的数学传统仍是我们需要效仿的,称其为国际一流,实不为过.

一位科学网网友在博客中说:

高等教育追求"公平"太久了,结果公平变成了"平庸".是该追求"精英"的时候了,至少允许一部分高校先精英化起来.

不过在中国不追求"公平"会不稳定,不和谐.为了和谐,人人都应该"被"大学生,不管这个大学生是什么质量.

这本国际大学生数学竞赛试题集就是我们试图追求精英化教育的一个举措.

大学数学教育问题成堆,大学生学习数学的热情衰退.有一则据考证是山寨版的哈佛大学图书馆墙上的训言说得很有哲理:"此刻打盹,你将做梦;而此刻学习,你将圆梦."

大学生厌学数学有许多原因:一是经历了千军万马过独木桥般的高考之后对填鸭式的应试教育厌烦了;二是看看周围的教授,地位与声望似乎与学问并非正相关;三是就业的师哥、师姐工作的好坏似乎也和学习成绩的优劣无关,而最重要的是要有一个好爹!

这是一个社会问题,只不过在大学表现尤甚.朱锡庆在《知识笔记》中指出:"歪门邪道成为一种争胜的手段被引入学术竞争的游戏,因为正道与邪术成本相差悬殊,正道难敌邪术,看看学术流氓成王的人越来越多,邪术迅速扩张增强,就像侵入人体的癌细胞四处蔓延,以至于最终游戏规则事实上被篡改,游戏的性质被完全改变."《纽约客》记者何伟到浙江一家小工厂采访,工人们在墙壁上刻下"人生何处不成名,学不成名誓不还"的名言.(这句话是在网上流传的毛泽东励志语录60句之首,对于生于20世纪60年代的我辈对毛主席语录再熟悉不过了,其余59句均倒背如流,仅这一句没听说过,于是便查了一下,原来是中国著名地质学家丁文江的一首诗,全文是这样的:

男儿立志出乡关,学不成名誓不还.
埋骨岂须桑梓地,人生何处不青山.

由此可见网络充斥着大量似是而非的东西,实在不是学习知识之场所)

我国在20世纪80年代也搞过大学生数学竞赛,但只坚持了十年,试题质量颇高,到今天还有许多人在找当年的题目.我们工作室将不遗余力地推进高校数学教育精英化,但是我们遗憾地发现,目前国内的所谓大学生数学竞赛俨然已演化成为考研数学的一次练习,这与精英化教育已经完全背道而驰了,所以再想象民国时期大师辈出已不太可能.

早期的清华大学数学系之所以人才辈出,是与当时的解难题训练分不开的.据中科院研究生院张里千教授回忆:"当时,杨武之公开承认自己的数学成就、解题能力不及他的学生,但他认为解不出难题的教授也可以培养出杰出的学生,因为老师知道哪些题难,哪些题重要,可以布置给学生去想."据华罗庚先生后来回忆,当时他们一个班有约40人,这门课老师出了几道难题,他(华罗庚)就上图书馆查题鉴、查参考书,向助教请教,每天晚上开夜车,匆匆忙忙完成才发现当天就要交作业了,每次都以为只有他一人按期交作业并得全分,但发下来时,才发现每次都是四个人,另外三人就是陈省身、许宝騄、柯召(许宝騄先生纪念文集编委会编《道德文章垂范人间》,北京大学出版社,北京:336).

从本书列出的试题看,除了少数成题(如第2届2.3题)及若干适合做中学生数学奥林匹克试题(如第9届2.2题、第14届1.1题)和直接拿经典结果当试题(如第2届2.6题)外,均为新颖的证明题及计算题,而且证明多于计算,意味着更偏于纯数学.

闵可夫斯基曾说:"真正的狄利克雷原理,在于处理问题时进行尽可能多的清晰的思考,避免尽可能多的无谓的计算."而外尔在描述他的老师希尔伯特时说:"直截了当是他工作的一大特点,他总是能摆脱各种计算,以前所未有的清晰方式呈现问题."

书中的许多证明对于国内读者来说是相当精彩的,如第1届的1.3题,用到三次单位根,既在情理之中又在意料之外.

本书既适合大学生也适合天才的中学生阅读,因为现在有些中学生已达到了很高水平.2010年丘成桐中学数学奖于2010年12月16日在清华大学颁发,上海市市北中学高三学生陈波宇一举摘得金奖,获奖论文为《Weierstrass函数在不可列的稠密集上不可导的一种证明》.

本书中除了有些内容本身是中学程度只不过提法和证法与现行中学提法不同(如第9届2.4题立体几何二面角问题,第1届1.3题、第4届1.4题判定有理性及无理性问题,第12届2.1题二次函数问题)外,还有一些涉及现在中学竞赛的热点,如函数的迭代与不动点(第3届2.1题,第5届2.3题),此外对于大学物理系学生也应该是有参考价值的,毕竟数学是研究物理的手段及基础,甚至可以说最前沿的物理本身就是数学,如现在的热门研究——弦论.弦理论的雏形是在1968年由意大利物理学家加布里埃莱·威尼采亚诺(Gabriele Veneziano)提出的.他当时在麻省理工学院工作,希望找到能描述原子核内强作用力的数学函数.在一本数学书中,他发现有200年历史之久的欧拉函数能描述他所要求解的强作用力.不久后,斯坦福大学的理论物理学家莱奥纳特·苏斯坎(Leonard Susskind)指出,这个函数可理解为一小段类似橡皮筋一样扭曲抖动的"线段",即"弦".

不同学科的融合与渗透为各学科的发展提供了源源不断的动力.例如,邵逸夫奖于2011年9月28日在香港会展中心举行.数学科学奖被平均颁予瑞士苏黎世联邦理工学院数学与物理学教授德梅特里奥斯·克里斯托多罗(Demetrios Christodoulou)和美国哥伦比亚大学戴维斯数学教授理查德·哈密顿(Richard Hamilton),以表彰他们在洛伦兹(H. A. Lorentz)几何与黎曼几何中的非线性偏微分方程方面的高度创新工作,及对广义相对论和拓扑学的应用.

如果你的自我期许是大学数理精英,那么本书你值得拥有.昭明太子有言:

"自炫自媒者,仕女之丑行;不忮不求者,明达之用心".此言极是,有道是:"君子中道而立,能看随之"——学问就摆在那儿,你爱看不看,随便你(江晓原语),看了你得,不看你失.

刘培杰
2011年10月20日
于哈工大

编辑手记

品牌中国产业联盟执行主席刘东华讲得好:"如果你围着满世界去转,整个世界都会抛弃你;如果专注于一点,整个世界都会围着你转."专心、专注、专业是数学工作室生存的三项准则.从本书的出版过程就可以看出这一点,首先是作者专业.

本书的策划源自一位热心读者的邮件.几十年来,中小学数学竞赛的书籍数以千计,但大学数学竞赛的书则相对较少,尤其是数学专业用的,仅以个位数计.鉴于这种现状,同为数学爱好者,这位读者在网上看到这些试题后,便向本工作室推荐出版,并推荐由王丽萍女士来翻译.王丽萍女士是数学编辑中的佼佼者,硕士毕业于北京师范大学数学系数理统计专业,后来笔者翻查自己的藏书,发现竟有许多是王丽萍女士策划和编辑的.

电影导演塔可夫斯基说:“我想要臻于完美,努力把我的技巧推向更高水准,这是工匠的尊严. 高水准,可是没人需要,取而代之的,是赝品.”

当今出版物中鱼龙混杂,劣币逐赶良币现象一再发生,真正的精品因其耗时费力,成本高昂逐步被众多山寨产品围剿殆尽. 读者因深受编辑趣味左右渐已丧失对精品应有的嗅觉,致使编辑、书商与读者共谋上演了一场制劣贩劣用劣的狂欢. 以本书编译者为代表的年青一代编辑带来了一种新气象,使我们对未来的出版界充满希望. 随着计算机的普及,数学文章和书籍多由作者自己排版,本书就是由编译者自己排版的. 因为从翻译到排版都是出自一位优秀的数学编辑之手(陆岛先生仔细校阅了全部译稿,在本书的排版工作中也提供了诸多帮助,顺致谢意),因此本书从语言、内容到版式,笔者审后几乎无错,这是一个小概率事件!

数学书中错误难免,连流行多年的名著也不例外,比如在数学分析这门课中比较优秀的教材是华东师大的《数学分析》,习题集最著名的当然是吉米多维奇的《数学分析习题集》,流行了几十年,居然也被浙大的干丹岩教授挑出了错(对这个问题,苏州大学的谢老师提出了自己的不同看法),分别为:

(1) 设$f(x,y)$为n次齐次函数,证明

$$\left(x\frac{\partial}{\partial x}+y\frac{\partial}{\partial y}\right)^{m}f=n(n-1)\cdots(n-m+1)f$$

正确结论应为

$$\left(x\frac{\partial}{\partial x}+y\frac{\partial}{\partial y}\right)^{m}f=n^{m}f$$

(原书第 17 章,总练习第 9 题).

(2) 设$u=f(x,y,z)$是可微分两次的n次齐次函数,证明

$$\left(x\frac{\partial}{\partial x}+y\frac{\partial}{\partial y}+z\frac{\partial}{\partial z}\right)^{2}u=n(n-1)u$$

正确结论应为

$$\left(x\frac{\partial}{\partial x}+y\frac{\partial}{\partial y}+z\frac{\partial}{\partial z}\right)^{2}u=n^{2}u$$

(见原书 3234 题).

像本书这样的一本涉及代数、几何、分析、离散数学等几乎

全部数学分支的试题集,能达到如此编校水平,实属不易.但不论如何,本书错误在所难免,王丽萍期望读者能将发现的各种错误和问题随时告知(wlp_math@yahoo.com),以便再版时修正.

刘培杰

2011年10月11日

初高中数学精品系列

王连笑教你怎样学数学——高考选择题解题策略及客观题实用训练

王连笑

内容提要

本书包括四个部分:高考选择题的解题策略,客观题实用训练试题,2004 年全国及各地高考客观试题,及客观题实用训练试题参考答案和 2004 年全国各地高考客观试题参考答案.

本书适合高中学生备考之用.

前言

在整个数学高考试卷中,选择题占40%(北京卷,上海卷除外),因此选择题的成绩在整个高考数学成绩中占有举足轻重的地位.所以,充分认识高考选择题的特点与考查功能,研究选择题的思维结构与思维训练功能,学会解选择题的主要策略是相当重要的.本书的第一部分就是围绕着上述几个问题展开的.

作者认为,讲究选择题的解题策略实际上是一种数学理性思维,好的解题策略来源于好的解题思维.如果在解选择题时,选择了简捷的直接解法,或运用简缩思维,直觉思维,形象思维求解,就会使选择题的解决又快又准;好的解题策略还来源于对题目提供信息的把握,只有充分收集、利用和筛选题目中给出的全部信息,才能给选择题的解决提供一个广阔的空间. 所以,对选择题的练习不仅是备考的需要,更重要的是思维训练的需要.

本书的第二部分为考生提供了 15 套客观题,每一套题由 12 道选择题和 4 道填空题组成,并且对每一套题中的每一道题都提供了详细的解法,许多题目还给出了多种解法,其中有些解法则采用了不同的解题策略.

作者认为,对客观题的练习是必不可少的,是科学备考的需要. 科学备考主要是能力的备考,是理性思维能力的备考,所以进行这方面的练习有助于理性思维能力的提高,有助于备考信心的提高.

本书的第三部分则是收集了 2004 年由教育部考试中心及自主命题的省市所命制的高考试题中的客观试题部分,这些试卷包括全国新课程卷 Ⅰ(山东,山西,河南,河北,安徽,江西六省考卷),全国新课程卷 Ⅱ(吉林,黑龙江,四川,云南,贵州五省考卷),全国新课程卷 Ⅲ(新疆,甘肃,宁夏,青海四省考卷),全国旧课程卷,以及北京、天津、上海、重庆、浙江、福建、湖南、湖北、辽宁、江苏、广东十一省市自主命题试卷,其中除辽宁、江苏、广东卷为文理合卷外,其他均为文、理两套试卷,所以共有 27 套试卷. 此外,除全国旧课程卷、北京卷、上海卷外,其余都是新课程卷. 对以上所有试卷的客观试题都给出了详细解答.

如果本书对每一个考生与高三数学教师都有一些实用价值的话,作者写本书的目的也就达到了.

作　者

编辑手记

也许向生活在久远时代的偶像致敬的终极方式之一,就是拥有他的手稿.

比尔・盖茨在买下达・芬奇著名的《哈默手稿》后说:

"每当我思维枯竭时,我就翻翻它…… 是的,我需要它.”

也许向刚刚离开我们的偶像致敬的终极方式之一,就是出版他的旧作.

本书的作者王连笑先生离开我们两年了.为了纪念他,我们再版他的这部旧作.

著名的科学史家萨顿说过:

> “一个人有好的位置是件幸事.如果他被一个抱负不凡的目标所激励,例如当一种宏伟的设想捉住他并占据了他的整个身心时,那就是更大得多的幸福了.此时,就不再是一个人找到一个工作,而是一个伟大的工作找到了一个可敬的人”.

中学数学教育是一项伟大的事业,王连笑老师从事了一生的中学教师职业,完全可以说是一个伟大的工作找到了一个可敬的人.本书题材很平常,是教中学师生学习如何解高考中的选择题.但越寻常越难写.老舍说:“写得离奇不算本事,那是新闻.写得寻常写得亲切才难,那才是文学.”在中学数学书的写作中,数学竞赛类的书可以说最好写,因为它可以写得离奇,天马行空不受约束,例题可以从“希望杯”一直到IMO,PTN,发挥空间很大.但要写如何解高考题则要难得多,想写好不易,因为它受大纲限制.在本书中连笑老师将它们写活了.从小题大做到小题小做,从数形分离到数形结合,无不体现连笑老师的智慧.

著名艺术家新凤霞曾师从齐白石老人学画,1981年画了一幅水墨画老倭瓜赠送给出版家范用,他的先生吴祖光在上面题词:“苦乐本相通,生涯似梦中.秋光无限好,瓜是老来红.”

连笑老师的晚年是幸福的,尽管有些短暂.

我们永远怀念他.

刘培杰

2013年7月1

于哈工大

心头,这就像连笑说的.

因为发明了微额信贷而被誉为穷人的银行家的尤努斯曾说:

> “我可以为这个世界留下功绩,而不仅仅是留下钱.在生命结束的时候问自己,这一生值得吗?现在,你的一生就是忙于累积金钱,然后说再见.生命仅此而已吗?”

连笑一生勤奋,笔耕不辍,仅我们工作室正在加工的书稿就有四部之多.可惜我们太慢了,没能让连笑老师在生前见到,总以为有的是时间.每次到天津见到连笑,他总是那样精力充沛,谈笑风生,笔者虽正值中年但都自叹不如.

2005年7月21日《今日美国》(*USA Today*)发表了一篇关于兰斯·阿姆斯特朗(Lance Armstrong)的文章,兰斯是一位传奇人物,他身患癌症,且已到一般运动员退役的年龄,但他前所未有地连续7年获得环法自行车赛的冠军,他的秘诀是以疯狂的努力永不停歇地提高他的技术水平,他年年创新,因此别人只能复制他,不能赶超他.

在长达50年的数学教学生涯中,连笑以兰斯·阿姆斯特朗的精神像一只高速旋转的陀螺永不停歇,几乎是一年一本书,写了大量的中学生读物,在博士、硕士遍地的教育界以一个师专毕业生的起点,经过不懈的努力终于获得了别人难以企及的成就.

中国的数学工作者多是拼命三郎透支生命,正如拜伦的诗句所说“我在春天就消费掉了夏季”.从华罗庚、陈景润到陆家曦、钟家庆、张广厚都是如此.还是企业家想得开,地产大佬冯仑有句话叫:小男人要拼命,老男人要玩.但连笑恰恰是一个不会玩的人,唯一的娱乐就是算题.

今年7月笔者到天津见到了连笑,席间连笑甚是活跃,在杨之、周概容、王成维、王世堃、邵德彪、孙宏学等众多数学同仁中俨然中心,想席间谈笑有鸿儒,推杯换盏人尽欢到曲终人散,一时难以接受.

戴云波在《文汇读书周报》发表纪念丁聪的文章“天下谁人不识丁”中写道:为什么每一位文化大师,每一位标志性人物的离去都会给我们带来巨大的情感冲击与精神失落?因为那个能够以最神奇,最深切,最幽微的笔触理解我们的思想,表达我们的喜怒哀乐的人没有了;因为那个能够时时慰藉我们,引领我们,使我们不至在艰难困顿的社会生活中颓丧而失去奋发的勇气的那个人没有了;因为那个在我们看尽世间的冷眼后却始终对你发出温暖的微笑的人没有了.

数学人以理性思维见长,绌于情感表达希借此遥寄我们的哀思.

刘培杰数学工作室全体同仁
2011 年 8 月 10 日
于哈工大

使用说明

依据新的国家高中课程标准进行教学,按照新课程标准考试大纲进行高考的省份在逐年增加.

用新国家高中课程标准进行高考的省份:

2007 年(4 个):山东省、广东省、海南省和宁夏回族自治区.

2008 年(5 个):山东省、广东省、海南省、宁夏回族自治区和江苏省.

2009 年(10 个):山东省、广东省、海南省、宁夏回族自治区、江苏省、辽宁省、浙江省、福建省、安徽省和天津市.

2010 年(15 个):山东省、广东省、海南省、宁夏回族自治区、江苏省、辽宁省、浙江省、福建省、安徽省、天津市、北京市、湖南省、黑龙江省、陕西省和吉林省.

2011 年(20 个):山东省、广东省、海南省、宁夏回族自治区、江苏省、辽宁省、浙江省、福建省、安徽省、天津市、北京市、湖南省、黑龙江省、陕西省、吉林省、山西省、江西省、河南省、新疆维吾尔自治区和广西壮族自治区.

这样到了 2011 年,新课标高考的省份就达到了 20 个,因此新课标高考成为人们普遍关注的问题.

参加新国家高中课程标准高考的省份,大部分为自主命题,但是也有部分省市使用由教育部考试中心命制的试卷.

2007、2008和2009年使用由教育部考试中心命制的试卷的是海南省和宁夏回族自治区;

2010年使用由教育部考试中心命制的试卷(本书简称“全国新课标卷”)的有海南省、宁夏回族自治区、黑龙江省和吉林省;

2011年使用全国新课标卷的有海南省、宁夏回族自治区、黑龙江省、吉林省、山西省、河南省、新疆维吾尔自治区和广西壮族自治区.

今年的高考是明年高考的一面镜子,前几年新课标高考是今后几年新课标高考的一面镜子.

了解新课标高考数学试题,并以这些试题为素材进行高考复习,有利于把握新课标的基本理念和高考的特点,有利于有针对性地进行复习.

新课程高考的数学科命题仍然坚持能力立意,注重考查数学基础知识、基本技能和基本思想,注重考查数学思想和方法;注重考查数学应用意识;注重考查创新能力;体现要求层次,控制试卷难度的原则.

但是在对数学能力和数学知识的考查要求上,与原来的大纲卷的要求都有些变化.

例如对数学能力的考查,大纲卷要求的是5个能力:思维能力、运算能力、空间想象能力以及实践能力和创新意识,而新课标卷则增加到7个(5个能力和2个意识):空间想象能力、抽象概括能力、推理论证能力、运算求解能力、数据处理能力以及应用意识和创新意识.把思维能力具体化,增加了数据处理能力,把实践能力改为应用意识,这些能力要求提法的改变,必然要在高考中有所体现.

又如在数学知识的考查内容上增加了一些新知识:函数的零点、二分法、算法程序、逻辑量词、推理与证明、随机数与几何概型、条件概率、茎叶图、最小二乘法、变量相关性和统计案例、三视图、空间向量、空间坐标系的应用、平面几何、参数方程和极坐标等,有些省市还增加了矩阵与变换.理科增加了定积分和微积分基本定理,文科增加了复数和导数公式等.

当然,与大纲卷相比有的知识的考查要求降低了,例如反函数,立体几何与解析几何的一些内容如三垂线定理,直线与圆锥曲线的位置关系等.考试内容的变化和对知识要求的变化势必影响高考复习的安排.

在试题设计上,新课标试卷更强调新课程的核心理念,更注重题型的新颖,更强调通过试题考查数学探究和数学应用.试题设计的变化只有通过不断练习才能逐步适应.

本书收集了从2007年到2011年新课标高考的全部数学试题,并进行了分类整理和详细解析,可以帮助用新课标考试大纲参加高考的考生事半功倍地提高数学能力,总结解题规律,积累解题经验,有效地进行备考,教师则可以放在案头,作为备课和指导学生时参考.

由于新课标的学习是按"模块"的结构进行的,而高考复习则需要对所学的知识进行梳理,因此为了复习的方便,本书没有用原有模块进行分章,而是把同一内容的知识相对集中,重新组织,使考生使用起来更为方便.

编　者

新课标高考数学——五年试题分章详解：2007 ~ 2011(下)

王连笑

内容提要

本书为《新课标高考数学——五年试题分章详解:2007 ~ 2011》的下册. 包括:解析几何——圆锥曲线,立体几何,计数原理和二项式定理,算法,概率,统计,随机变量及其分布,复数,几何证明选讲,坐标系与参数方程,矩阵与变换.

本书适合高中师生及数学爱好者参考使用.

编辑手记

2006年11月,拍出2 200万天价的油画《三峡新移民》的画家刘小东说:

> "没有人敢于在这个时代乐观,不确定的因素太多."

刚刚从天津组稿回哈. 还沉浸在老友新朋喜相逢的兴奋和满载书稿而归的喜悦中,正当笔者向中学班主任老师沙洪泽校长津津乐道连笑幸福与充实的退休生活并组织人马加班加点争分夺秒将从连笑电脑中拷贝出来的本书电子稿进行紧张加工之际,惊悉本书作者连笑先生已离我们而去.我们工作室所有熟悉连笑的编辑都无法相信,我们可以相信什么呢?一个健康、睿智、风趣、豪爽的重量级人物毫无征兆的这样离开.法国哲学家帕斯卡说:

> “来,我们打个赌吧,如果你不相信神的存在,你将一无所获;如果你相信神的存在,你不仅不会有任何损失,而且还获益良多.”

法国作者西蒙娜·韦伊说:

> “如果你不相信爱与善的存在,你将陷入生命的空虚与逼仄;如果你相信爱与善的存在,你不会有任何损失,你将在培植自己的人性之同时,获得社会生活的幸福与私人生活的幸福.”

连笑生前对中国教育特别是数学教育意见颇多.现行的中国教育制度下,中国最好的大学只是用最好的老师去培养最会考试,最听话的学生,这与我们从人力资源大国走向人力资源强国的雄心壮志南辕北辙.但尽管如此连笑还是不辞辛苦地为广大高考生编写了大量的复习资料,成为全国知名的高考专家.连笑先生对新事物接受很快,早就开始用电脑写作并绘图令至今仍是电脑盲的笔者敬佩不已.可以说连笑不仅老有所为,而且还没被时代所落下,值得我们所有人学习.

有人说:生活的悲剧往往不在于人们受过多少苦,而是错过了什么.

如果从这个角度看连笑的一生是圆满的,虽求学时代受到不公待遇成绩优异但没能就读名校,但凭借自己的努力及天资连笑一步一步从舞台角落走到了中心.从笔者这一代人开始就读连笑的书感受数学之美.现在又有更多的中学师生受到惠及,这不就是一个中学数学教师最大的幸福与最圆满的结局吗?

英籍日裔作家石黑一雄的第三部小说《长日留痕》自问世

以来就受到读者和评论界的强烈关注,荣登《出版家周刊》的“畅销排行榜”,并于 1989 年获得在英语文学界享有盛誉的“布克奖”. 石黑一雄在一次访谈中说:

> “我们大多数人对周围的世界不具备任何广阔的洞察力. 我们趋向于随大流,而无法跳出自己的小天地看事情,因此我们常受到自己无法理解的力量操控,命运往往就是这样,我们只做自己的那一点小事情,希望能够派上用场.”

从这个意义上讲连笑做了一些事也派上了用场. 哲学大师维特根斯坦说:不要看一个人说的和做的,要看他怎么说和怎么做. 让我们一起来看一看连笑是怎样解这 5 年的高考数学题吧!

刘培杰
2011 年 8 月 15 日
于哈工大

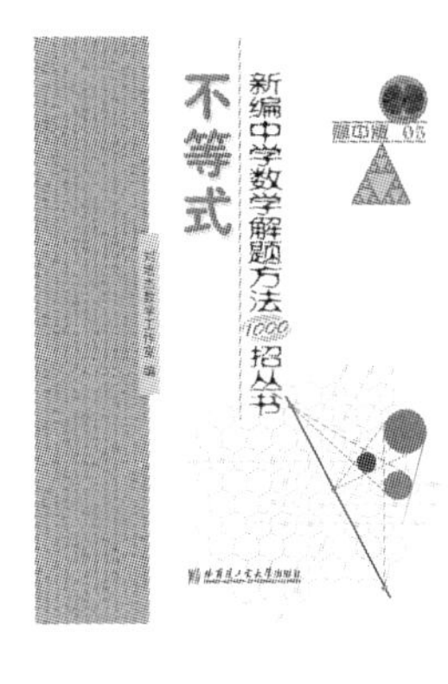

新编中学数学解题方法1000招丛书——不等式

刘培杰数学工作室

内容提要

本书以专题的形式对高中数学中不等式的重点、难点进行了归纳、总结,全书共分两大部分,即解题方法编和试题精粹编,内容丰富,涵盖面广,可使学生深入理解不等式的应用,灵活使用解题方法.

本书适合高中师生和广大数学爱好者研读.

总 序

俗话说:"自古华山一条路",如果将学数学比作爬山,那么精通之道也只有一条,那就是做题,做大量的习题.

华罗庚曾将光看书不做习题比作"入宝山而空返".

著名数学家苏步青教授读书时为学好微积分,光是不定积分题就做了近万道.近年来,参加国际中学生数学奥林匹克的中国选手们,则更是因为遍解难题,才得以屡获金牌.正所谓"踏遍坎坷成大路".

然而解数学题却不是一件容易的事,世界级解题专家、美国数学教育家波利亚曾不无悲观地说:"解题同钓鱼术一样永远不会学会".但解题作为一项有规则的活动还是有一些方法可学,至少是可模仿的. 华侨大学的王志雄教授曾说出这样的体会:“相对于问题似欲爆炸,题型不断更新,方法是较少也较稳定,如能较深入地、熟练地、灵活地掌握一些重要的解题方法,将使我们如乘快艇,得以优游于题海之上,达到数学王国的彼岸.”

近年来,由《美国数学月刊》前主编、美籍加拿大老数学家哈尔莫斯(Paul Richard Halmos)一句“问题是数学的心脏”的惊人之语,将解题运动推向高潮. 1987 年在上海举行的国际数学教育研讨会上,美国南伊利诺伊大学的 J. P. 贝克(Baker)教授在他的以《解题教学——美国当前数学教学的新动向》为题的报告论文中指出:“如果说确有一股贯穿20世纪80年代初期的潮流的话,那就是强调解题(Problem Solving)的潮流.”

为了配合这股潮流,世界各国大量出版数学问题与解题的丛书,真是汗牛充栋,精品纷现. 光是著名的斯普林格出版社(Springer Verlug)从1981 年开始出版的一套高水平的《数学问题丛书》至今就出版了20 多种. 我国教育界及出版界十分重视这类书的出版工作,早在1949 年2 月,旧中国教育部曾举行会议为补救当时数学教育质量低下提出了四点建议,其中一条是提倡学生自己动手解题并“希望各大书局大量编印中学解题参考用书”. 近些年我国各大出版社出版了一些中学数学教育方面的丛书,如江苏教育社的《数学方法论丛书》(13 册),北大出版社的《数学奥林匹克》系列及翻译的美国的《新数学丛书》,湖南教育社的《走向数学丛书》,但直至今天似乎还没有迹象表明要推出一套大型解题方法丛书.

哈尔滨工业大学出版社作为一“边陲小社”,出版这样一套丛书,尽管深感力所不逮,但总可算作一块引玉之砖.

最后编者有两点忠告:一是本丛书是一套入门书,不能包解百题,本丛书在编写之初曾以“贪大求全”为原则,试图穷尽一切方法,妄称“解题精技,悉数其间”. 然而这实在是不可能的,也是不必要的. 正所谓“有法法有尽,无法法无穷”. 况且即使是已有的方法也不能生搬硬套. 我国继徐光启和李善兰之后的清末第三大数学家华衡芳(1835—1902)曾指出:解题要随机应变,不能“执一而论”,死记硬背为“呆法”,“题目一变即无所用之矣",须"兼综各法"以解之,方可有效. 数学家惠特霍斯(Whitworth)说过"一般的解题之成功,在很大的程度上依赖于选择一种最适宜的方法".

二是读者读本丛书一定要亲自动手解题. 正如陕西师大罗增儒教授所指出:解题具有探索性与实战性的特征,解题策略要在解题中掌握.

最后,我们送给读者一句德国著名数学家普林斯海姆(Alfred Pringsheim,1850—1941)的名言.

不下苦功是不能获得数学知识的,而下苦功却是每个人自己的事,数学教学方法的逻辑严格性并不能在较大程度上去增强一个人的努力程度.

愿读完本丛书后,解题对你不再是难事.

刘培杰
2013 年 12 月 15 日
于哈工大

前言

有网友将社会等级排列为:

暴发户 > 高富帅 > 白富美 > 女神 > 粉木耳 > 黑木耳 > 女屌丝 > 失足 > 男屌丝.

网络语言往往是社会中最潮的语言,也是应用得最广泛的语言. 不等号出现其中说明普及之广.

"大于"和"小于"号(signs for "greater" and "less")现在通用的"大于"号 > 和"小于"号 < 都是英国人哈里奥特于 1631 年开始采用的,但当时并没有为数学界所接受,直到 100 多年后,才逐渐成为标准的应用符号.

沃利斯在 1655 年曾用 > 表示"等于或大于",1670 年他又写为 >(等于或大于)及 <(等于或小于). 现在常用的符号 ≥ 和 ≤ 符号,据哥德巴赫在 1734 年 1 月写给欧拉的一封信中所述,是一个法国人 P. 布盖(1698—1758)首先采用的. 后来渐流行.

符号 < <(远小于)和 > >(远大于)是庞加莱和波莱尔

于 1901 年引入的,很快就为数学界接受了. 现在也这样用.

相等是相对的,不等是绝对的. 世界上的事物大多是以不等式的形式出现在我们周围,我们随时要比较大小. 比如,最近有电视台盯上了麦当劳的薯条,对其大包、中包、小包逐一过称,得出的结论是有时候中包比小包还少,认为快餐店的员工仅靠目测装袋的方式不合理,还在大街上随机采访消费者对此的态度.

比较大小光靠直觉是不行的,要靠严格的数学理论,这个理论统称为不等式. 举个例子:将 $n \times n$ 个数排成一个方阵,先取每列的最小值,再取每行的最大值. 那么,是这些最小值中的最大值大,还是那些最大值中的最小值大呢? 单靠直觉难以回答. 但当取这两个值行列交叉的数作中间量后,再根据不等式的传递性即可得出结论.

洛尔迦在介绍当今最伟大的拉丁美洲诗人之一的聂鲁达时说:他是"离死亡比哲学近,离痛苦比智力近,离鲜血比墨水近"的作家.

数学作为一种文化,不等式语言和不等式的思维已经深深地植入了文明社会的每一位成员的头脑中. 不论你是从事什么职业,都不可能完全脱离不等式的思维方法. 因为你总要比远近、比轻重、比大小,即便是宣称自己最不擅长数学的作家也是如此. 张爱玲在其小说中就写道:"个人即便等得及,时代是仓促的,已经在破坏中,还有更大的破坏要来."

在 1978 年"文化大革命"结束后的第一次全国各省市自治区中学生数学竞赛总结大会上,华罗庚教授举了一个非常现实的例子,在中华人民共和国成立前地主剥削农民主要是靠收地租的方式. 由于是按土地面积收,所以地主便利用农民数学知识贫乏多算土地面积. 一块不规则的四边形土地,北方地主使用的公式是:用两组对边中点的连线长度之积来进行计算;而南方地主是利用两组对边长度的平均值的乘积来进行计算. 华罗庚指出后者大于前者,而前者又大于土地的真实面积,这其中的差就是多算的面积. 而当土地形状为矩形时,这三者又是相等的,所以这两种算法又都带有一定的欺骗性. 这真是"算计不到就受穷"啊! 在现代人的生活中这样的例子也比比皆是,比如我们去菜市场买菜,我们一般会买很多样.我们希望买每一样菜时都将零头抹去.而菜贩们往往希望称完后加一起抹零.虽然菜贩们文化普遍不高,但他(她)们却不自觉地运用了$[\alpha]+[\beta]+\cdots+[\gamma]\geqslant[\alpha+\beta+\cdots+\gamma]$这个含高斯函数的不等式.

在当代经济学中许多问题最终都会被归结为不等式问题,所以提出康托洛维奇不等式的俄罗斯数学家康托络维奇居然获得了诺贝尔经济奖.当然更多的不等式还是被用到纯数学中,几乎每一位著名数学家都有一个或几个以自己名字命名的不等式.如希尔伯特不等式、柯西不等式、哈代不等式、阿贝尔不等式、伯努利不等式、切比雪夫不等式等.还有以国人命名的华罗庚不等式、徐利治不等式、樊畿不等式等.湖南师范大学数学系的匡继昌先生曾编过一本《常用不等式》(已经出到第三版)其中收录了几千个常用不等式.英国数学家哈代也写过一本经典的著作就叫《不等式》.最近一位越南人写了一部《不等式的秘密》(共2卷)在我室出版成为一时亮点,可惜的是题目较难,不太适合普通高中生,不像本书适合于所有高中师生.

建立并用好一个不等式对所有学习和研究数学的人都是重要的,大者可以像美国数学家德布朗斯通过证明一个古典不等式而解决了著名的比勃巴赫猜想.小者可以帮助考生巧妙地攻克高考和竞赛中的不等式问题.

不等式在数学中的位置如同诗歌在文学中的地位,都追求自由与多样性.有人说:帝国是诗的敌人,因为:帝国追求控制,诗追求独立;帝国追求奴役,诗追求自由;帝国追求坟墓的整齐,诗追求生命的参差.

不等式亦如此!

刘培杰
2013年12月12日
于哈工大

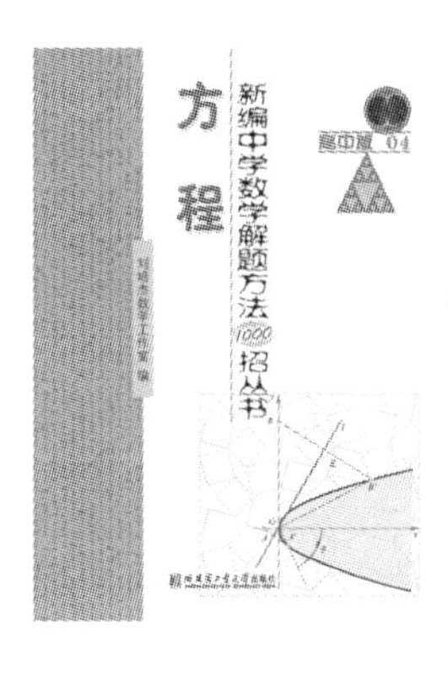

新编中学数学解题方法 1000 招丛书——方程

刘培杰数学工作室

内容提要

本书以专题的形式对高中数学中方程的重点、难点进行了归纳、总结,涵盖面广,内容丰富,可使学生深入理解方程概念,灵活使用解题方法,可较大程度地提高学生在各类考试中的应试能力.

本书适合中学生、中学教师以及数学爱好者阅读参考.

前　言

华罗庚是中国人心目中的数学楷模,他是怎样出名的呢?这源自于他以一个杂货铺小伙计的身份在上海《科学》杂志上发表了一篇名为《论苏家驹之代数五次方程解法不成立之理由》的论文,被时任清华大学算学系主任的留法博士熊庆来发现,于是他被请到清华大学.由此可见代数方程之重要.

代数方程(algebraic equation)指多项式方程,其一般形式为

$$a_nx^n+a_{n-1}x^{n-1}+\cdots+a_1x+a_0=0$$

是代数学中最基本的研究对象之一.

在20世纪以前,解方程一直是代数学的一个中心问题.二次方程的求解问题历史久远.在巴比伦泥板中(公元前18世纪)就载有二次方程的问题.古希腊人也解出了某些二次方程.中国古代数学家赵爽(3世纪)在求解一个有关面积的问题时,相当于给出了二次方程 $-x^2+kx=A$ 的一个根 $x=\frac{1}{2}(k-\sqrt{(k^2-4A)})$.7世纪印度数学家婆罗摩笈多给出方程 $x^2+px-q=0$ 的一个根的公式 $x=\frac{1}{2}(\sqrt{(p^2+4q)}-p)$.一元二次方程的一般解法是9世纪阿拉伯数学家花拉子米建立的.

对三次方程自古以来也有很多研究,在巴比伦泥板中,就有相当于三次方程的问题.阿基米德也曾讨论过方程 $x^3+a=cx^2$ 的几何解法.11世纪波斯数学家奥马·海亚姆创立了用圆锥曲线解三次方程的几何方法,他的工作可以看作是代数与几何相结合的最早尝试.但是三、四次方程的一般解法(即给出求根公式),却直到15世纪末也还没有被发现.意大利数学家帕乔利在1494年出版的著作中说:"$x^3+mx=n$,$x^3+n=mx$(m,n为正数)现在之不可解,正像化圆为方问题一样."但到16世纪上半叶,三次方程的一般解法就由意大利数学家费罗、塔塔利亚和卡尔丹等得到,三次方程的求根公式最早出现在卡尔丹的《大术》(1545)之中.四次方程的求根公式由卡尔达诺的学生费拉里首先得到,也记载于卡尔达诺的《大术》中.

在16世纪末到17世纪上半叶,数学家们还探讨了如何判定方程的正根、负根和复根的个数.卡尔达诺曾指出一个实系数方程的复根是成对出现的,牛顿在他的《广义算术》中证明了这一事实.笛卡儿在他的《几何学》中给出了正负号法则(通称笛卡儿法则),即多项式方程 $f(x)=0$ 的正根的最多数目等于系数变号的次数,而负根的最多数目等于两个正号和两个负号连续出现的次数.但笛卡儿本人没有给出证明,这个法则是18世纪的几个数学家证明的.牛顿在《广义算术》中给出确定正负根数目上限的另一法则,并由此推出至少能有多少个复数根.

研究代数方程的根与系数之间的关系,也是这一时期代数学的重要课题.卡尔达诺发现方程所有根的和等于 x^{n-1} 的系数取负值,每两个根的乘积之和等于 x^{n-2} 的系数,等等.韦达和牛顿也都在他们的著作中分别叙述了方程的根与系数之间的关系,现在称这个结果为韦达定理.这些工作在18世纪发展为关于根的对称函数的研究.

另一个重要课题是今天所谓的因子定理.笛卡儿在他的《几何学》中指出,$f(x)$ 能被 $x-a$ 整除,当且仅当 a 是 $f(x)=0$ 的一个根.由此及其他结果,笛卡儿建立了求多项式方程有理根的现代方法.他通过简单的代换,把方程的首项化为1,并使所有系数都变为整数,这时他判断,原方程的各有理根必定是新方程常数项的整数因子.牛顿还发现了方程的根与其判别式之间的关系,他在《广义算术》中还给出了确定方程根上界的一些定理.此外,数学归纳法也在16世纪末期开始明确地用于代数学中.

18世纪以后,数学家们的注意力开始转向寻求五次以上方程的根式解.经过两个多世纪的努力,在欧拉、范德蒙德、拉格朗日、鲁菲尼等人工作的基础上,在19世纪上半叶,阿贝尔和伽罗瓦几乎同时证明了五次以上的方程不能用公式求解.他们的工作开创了用群论的方法来研究代数方程的解的理论,为抽象代数学的建立开辟了道路.

代数方程理论的另一个问题是一个方程能有多少个根.中世纪阿拉伯和印度的数学家们都已认识到二次方程有两个根.到了16世纪,意大利数学家卡尔达诺引入了复数根,并认识到一个三次方程有3个根,一次四次方程有4个根,等等.荷兰数学家吉拉尔在1629年曾推测并断言任意一个 n 次方程,如果把复根算在内并且 k 重根算作 k 个根的话,那它就有 n 个根.这就是代数基本定理.这个定理在18世纪被许多著名的数学家认识到并试图证明之,直到1799年高斯才给出第一个实质性的证明.

对代数方程理论的研究,使数学家们引进了在近世代数中具有头等重要意义的新概念,这些新概念很快被发展成为有广泛应用的代数理论.

方程的问题曾经是数学的中心问题,笛卡儿认为自然界中的一切事物都可以用数学来描述,而所有的数学问题又都可以转化为方程问题(几何问题原则上都可用他发明的解析几何转化为代数方程问题),这个时期一个人数学水平的高低完全取决于他解方程的能力.所以历史上第一次有记载的数学竞赛就是1535年2月22日在意大利米兰大教堂举行的由塔塔利亚与费罗之间的对决,每人30道解三次方程题,结果由于塔塔利亚发现了新方法在两个小时内全部解出而大获全胜,今天数学手册中三次方程的解法公式虽称为卡尔丹公式,但实际上是塔塔利亚发现的.

后来从事方程研究的数学家的下场都不妙,意大利的鲁菲尼(P. Ruffini)被人遗忘.挪威数学家阿贝尔(N. H. Abel)死于贫困,年仅27岁.法国数学家伽罗瓦(E. Galois)死于决斗,年仅21岁.

下面,我们简要回顾一下高次代数方程求根(finding roots of polynomial equation)的历史.

左边为多项式的方程

$$P_n(x) \equiv a_0x^n + a_1x^{n-1} + \cdots + a_{n-1}x + a_n = 0$$

称为n次代数方程,又称多项式方程,其中$n = 1, 2, \cdots, a_k$是实系数或复系数,$a_0 \neq 0$.当$n > 1$时,叫作高次代数方程,其次数就是n.左边多项式的零点就是对应代数方程的根.

人们很早就探索了高次方程的数值解求法的问题.巴比伦泥板中有平方表和立方表,利用它们可解某些特殊的二次和三次方程;中国古人则相当系统地解决了求高次方程数值解的问题:《九章算术》以算法形式给出了求二次方程及正系数三次方程正根的具体计算程序:7世纪王孝通也给出求三次方程正根的数值解法;11世纪贾宪《黄帝九章算法细草》创:"开方作法本源图",用"立成释锁法"解三次和三次以上的高次方程,同时他又提出一种更为简便的"增乘开方法",在13世纪由秦九韶《数书九章》的"正负开方术"最后完成,提供了一个用算筹布列解任何数字方程的可行可计算的算法,可求出任意次代数方程的正根.阿拉伯人对高次代数方程的数值解法亦有研究,花拉子米(9世纪)第一个给出了二次方程的一般解法,奥马·海亚姆(1100)给出了一些特殊三次方程的解法.1736年出版的牛顿的《流数法》一书中，给出了著名的高次代数方程的一种数值解法，1690 年 J. 拉福生也提出了类似的方法，它们的结合就是现代常用的方法——牛顿法，是一种广泛用于高次代数方程和方程组求解的迭代法，亦称为切线法，一直为数学界所采用，不断产生新的变形，如修正牛顿法、拟牛顿法等. 1797 年，高斯给出“代数基本定理”，指出高次代数方程根的存在性. 1819 年，霍纳提出求高次方程数值解的另一种方法——霍纳法，其思想及计算程序与秦九韶的方法相近，类似的方法鲁菲尼在 1804 年也提出过，霍纳法也有着广泛的应用，它的现代改进形式叫作劈因子法. 现在常用的高次代数方程数值解法还有伯努利法和劳思表格法等.

今天人们已把方程当成了日常语言，在各个方面大量使用，比如匹兹堡领导力基金会主席兼 CEO John StahlWert 写了一本新书叫《一万匹马》(Ten Thousand Horses) 中提出了一个信任方程式

$$T \times 3C = E$$

T——Trust(信任)

C——Challenge(挑战)

C——Charge(实施)

C——Cheer(喝彩)

E——Engagement(投入)

当然，人们最熟悉的还是爱因斯坦提出的那个著名公式

$$E = mc^2$$

学好方程，它将会使你终身受益.

刘培杰

2013 年 12 月 11 日

于哈工大

新编中学数学解题方法1000招丛书——三角函数

刘培杰数学工作室

内容提要

本书以专题的形式对高中数学中三角函数的重点、难点进行了归纳、总结,全书共分两大部分,即解题方法编和试题精粹编,内容丰富,涵盖面广,可使学生深入理解三角函数的概念,灵活使用解题方法.

本书适合高中师生和广大数学爱好者研读.

前　言

数学知识的产生有两大来源:一个是人类生产实践活动的需要催生出来;另一个来源是由数学理论体系本身的发展要求,如无理数概念的产生、虚数概念的产生.而三角学的产生明显是属于第一类,它最早是由于航海的需要,所以与人们所想象的相反.球面三角学反倒是先发展起来的,平面三角学是随后才逐渐完善的.

在中国三角学由于是和天文学连在一起的,所以三角知识一直被皇家所垄断,后来才逐渐散落民间,我们简单回顾一下它的历史:

三角学(trigonometry)以研究平面三角形和球面三角形的

边和角的关系为基础,达到测量上的应用为目的的一门学科.同时还研究三角函数的性质及其应用.三角学的拉丁文拼法为trigonometria,是三角形triangulum和测量metricus两字的合并,由德国人皮蒂斯楚斯于1595年创用,原意指三角形的测量,即解三角形.早期的三角学是天文学的一部分,后来研究范围逐渐扩大,变成以三角函数为主要对象的学科,一度隶属于分析学.现在一般将它归为几何学的一个分支.

早在公元前300年,古代埃及人已有了一定的三角学知识,主要用于测量.例如建筑金字塔、整理尼罗河泛滥后的耕地、通商航海和观测天象等.公元前600年左右古希腊学者泰勒斯游埃及,利用相似三角形的原理测出金字塔的高,成为西方三角测量的肇始.据中国古算书《周髀算经》记载,约与泰勒斯同时代的陈子已利用勾股定理测量太阳的高度,其方法后来称为"重差术".公元前2世纪古希腊天文学家希帕霍斯为了天文观测的需要,作了一个和现在三角函数表相仿的"弦表",即在固定的圆内,不同圆心角所对弦长的表,他成为西方三角学的最早奠基者.公元2世纪,希腊天文学家、数学家托勒密继承希帕霍斯的成就,加以整理发挥,著成《天文学大成》13卷,包括从0°到90°每隔半度的弦表及若干等价于三角函数性质的关系式,被认为是西方第一本系统论述三角学理论的著作.约同时代的门纳劳斯写了一本专门论述球面三角学的著作《球面学》,内容包括球面三角形的基本概念和许多平面三角形定理在球面上的推广,以及球面三角形许多独特性质.他的工作使希腊三角学达到全盛时期.公元6世纪初,印度数学家阿耶波多制作了一个第一象限内间隔$3^\circ 45'$的正弦表,依照巴比伦人和希腊人的习惯,将圆周分为360°,每度为$60'$,其中用同一单位度量半径和圆周,孕育着最早的弧度制概念.他在计算正弦值的时候,取圆心角所对弧的半弦长,比起希腊人取全弦长更近于现代正弦概念.印度人还用到正矢和余弦,并给出一些三角函数的近似分数式.9世纪末到10世纪初,阿拉伯天文学家、数学家巴塔尼引入了正切和余切概念,约920年造出从0°和90°相隔1°的余切表,还发现了球面三角余弦定理

$$\cos A = \cos B\cos C + \sin B\sin C\cos A$$

10 世纪末艾布瓦法编制了每隔 10′ 的正弦表和正切表,发明了一种计算方法,可求出 sin 30′ 精确到 9 位小数的近似值,首次引入正割和余割概念,证明了斜三角形的正弦定理,还运用正切定理解球面直角三角形. 13 世纪纳西尔丁在《论完全四边形》中第一次把三角学作为独立的学科进行论述,首次清楚地论证了正弦定理. 他还指出,由球面三角形的三个角,可以求得它的三个边,或由三边去求三个角. 这是区别球面三角与平面三角的重要标志. 至此三角学开始脱离天文学,走上独立发展的道路.

14 世纪英国学者布雷德沃丁将正切和余切引入三角计算,成为欧洲早期的三角学研究者. 1464 年欧洲第一本系统的三角学著作《论各种三角形》由德国数学家雷格蒙塔努斯完成,该书对平面三角学和球面三角学都做了全面阐述,成为在欧洲传播三角学的依据. 他还制造了精密的正弦表,并应用三角学解决了一些几何问题. 16 世纪奥地利数学家、天文学家雷蒂库斯首次编制出六个三角函数表,包括第一张详尽的正切表和第一张印刷的正割表,重新给出三角函数的定义,用直角三角形的边长之比定义三角函数,脱离了过去必须依赖圆弧的做法. 他于 1562 年着手编制更为精密的正弦、正切、正割表,但直到 1596 年才由他的学生、荷兰数学家奥托完成刊行. 这一数学用表包含了每隔 10″ 的 6 种三角量的值,并用 10 位小数表示出来. 德国数学家皮蒂斯楚斯不仅首次引入三角学一词,还从 1596 年起开始校正、完善雷蒂库斯的三角函数表,经过长期努力,于 1613 年最后完成,他的表达到了很高的精确度,有些正弦函数值计算到 22 位小数. 1614 年英国数学家纳皮尔发明了对数,大大简化了三角计算. 1615 年发表了法国数学家韦达在 20 年前得到的 $\sin n\theta$ 展开成 $\sin\theta$ 的公式. 1707 年法国 - 英国数学家棣莫弗得到三角学的著名定理

$$(\cos\theta \pm \mathrm{i}\sin\theta)n = \cos n\theta \pm \mathrm{i}\sin n\theta$$

并证明了 n 是正有理数时该公式成立. 1748 年欧拉证明了 n 等于实数时公式也成立. 他还给出另一公式 $\mathrm{e}^{\mathrm{i}\theta} = \cos\theta \pm \mathrm{i}\sin\theta$,这些工作都丰富了三角学的内容.

近代三角学始于欧拉的《无穷分析引论》(1748),他第一

次以函数线与半径的比值作为三角函数的定义,并令圆的半径为1,使三角研究大为简化.欧拉创用a,b,c表示三角形三边A,B,C表示对应的三个角,大大简化了三角公式,这标志着三角学从研究三角形解法进一步转变为研究三角函数及其应用的一个数学分支.我国古代没有出现角的函数概念,只用勾股定理解决了一些三角学范围内的实际问题.1631年西方三角学首次输入,以德国传教士邓玉函、汤若望和我国学者徐光启合编的《大测》为代表.同年徐光启等人还编写了《测量全义》,其中有平面三角和球面三角的论述.1653年薛风祚与波兰传教士穆尼阁合编《三角算法》,以"三角"取代"大测",确立了"三角"名称.1877年华蘅芳与英国传教士傅兰雅合译《三角数理》,引入近代三角学内容.在此之前戴煦等人对三角级数展开式等问题有过独立的探讨.现代的三角学主要研究角的特殊函数及其在科学技术中的应用,如几何计算等,多发展于20世纪中.

特别值得指出的是阿拉伯人对三角学贡献是颇为独特的.

由于数理天文学的需要,阿拉伯人继承并推进了希腊的三角术,其学术主要来源于印度的《苏利耶历数全书》等天文历表,以及希腊托勒密的《大成》、梅涅劳斯的《球面学》等古典著作.

由于天文计算的需要,阿拉伯天文学家都致力于高精度三角函数表的编制.9世纪的海拜什·哈西卜(Habash al Hasīb,约卒于864—874)在印度人的基础上制定间隔为15′的60进制正弦表,并且还编制了间隔为1°的正切表.艾布·瓦法(Abū'l-Wafā,940—977)在哈西卜的基础上又进一步编制出间隔为10′的正弦表和余弦表,特别是比鲁尼(Al Bīrūnī,973—1050)利用二次插值法制定了正弦、正切函数表.

对希腊三角学加以系统化的工作是由9世纪天文学家阿尔·巴塔尼(Al Battānī,858—929)做出的,而且他也是中世纪对欧洲影响最大的天文学家.其《天文论著》(又名《星的科学》)被普拉托译成拉丁文后,在欧洲广为流传,哥白尼、第谷、开普勒、伽利略等人都利用和参考了他的成果.在该书中阿尔·巴塔尼创立了系统的三角学术语,如正弦、余弦、正切、余切.他称正弦为jī ba,来源于阿耶波多的印度语术语jī va,拉丁语译作 sinus,后来演变为英语 sine;称正切为 umbra versa,意即反阴影;余切为 umbra recta,意即直阴影.后来演变成拉丁语分别为 tangent 和 cotangent,首见于丹麦数学家芬克(T. Fink,1561—1656)的《圆的几何》(1583)一书中,而正割、余割是阿拉伯另一天文学家艾布·瓦法最先引入的.

阿尔·巴塔尼还发现了一些等价于下列公式的三角函数的关系式

$$\frac{\cos\alpha}{\gamma}=\frac{\cos\alpha}{\sin\alpha},\frac{\tan\alpha}{\gamma}=\frac{\sin\alpha}{\cos\alpha},\frac{\sin\alpha}{\gamma}=\frac{r}{\csc\alpha}$$

以及球面三角形的余弦定理

$$\cos A=\cos B\cos C+\sin B\sin C\cos A$$

艾布·瓦法和比鲁尼等人进一步丰富了三角学公式.艾布·瓦法曾在巴格达天文台工作,其重要的天文学著作《天文学大全》继承并发展了托勒密的《大成》,尽管它在天文学方面没有什么超越托勒玫的创造,但其三角学方面的成就足以彪炳史册.书中除一些精细的三角函数表外,还证明了与两角和、差、倍角和半角的正弦公式等价的关于弦的一些定理,证明了平面和球面三角形的正弦定理.比鲁尼曾经得到马蒙(Mámun)哈里发的支持,在乌尔根奇建造天文台并从事天文观测,是一位有 146 多部著作的多产学者,其《马苏德规律》一书,在三角学方面有一些创造性的工作.

如果说希腊以来,三角术仅是天文学的附属的话,那么这种情况在纳西尔·丁那里发生了一些改变.1201 年纳西尔·丁出生于伊朗的图斯,生活于十字军和蒙古人的侵占时代,是一位知识渊博的学者.由于蒙古伊儿汗帝国的君主旭烈兀十分重视科学文化,纳西尔·丁受到他的礼遇,他建议在马拉盖建造大型天文台,得到旭烈兀的允许和支持,其后他一直在这里从事天文观测与研究.他的天文学著作《伊儿汗天文表》(1271)是历法史上的重要著作,其中测算出岁差为每年 51″.其《天文宝库》则对托勒玫的宇宙体系加以评注,并提出新的宇宙模型.他的《论完全四边形》是一部脱离天文学的系统的三角学专著.所谓完全四边形,即指平面上的两两相交的四条直线或球面上的四条大圆弧所构成的图形.该书系统阐述了平面三角

学,明确给出正弦定理.讨论球面完全四边形,对球面三角形进行分类,指出球面直角三角形的 6 种边角关系(C 为直角)

$$\cos C = \cos A\cos B, \cos C = \cot A\cot B$$

$$\cos A = \cos A\sin B, \cos A = \tan B\cot C$$

$$\sin B = \sin C\sin B, \sin B = \tan A\cot B$$

并讨论了解平面和球面斜三角形的一些方法,引入极三角形的概念以解斜三角形.他指出在球面三角形中,由三边可以求三角,反之,由三角可以求三边,这是球面三角与平面三角相区别的一个重要标志.纳西尔·丁的《论完全四边形》对 15 世纪欧洲三角学的发展起着非常重要的作用.

与希腊人三角术的几何性质相比,阿拉伯人的三角术与印度人一样是算术性的.例如由正弦值求余弦值时,他们利用恒等式 $\sin^2\alpha + \cos^2\alpha = 1$ 作代数运算而求解,而不是利用几何关系来推算,这是一种进步.他们和印度人一样,用弧的正弦而不用双倍弧的正弦,正弦(或半弦)的单位取决于半径的单位.

在中国决定放弃中国古代形成的数学体系决定全面向西方学习时,三角学就作为中学数学内容的重要组成部分.它因其记号多、公式多、变化多令中学师生头疼不已.所以很多专家学者编写了大量的参考书来为中学师生答疑解惑.如烟学敏、刘玉翘等主编的《中学数学解题精典三角卷》,李遥观的《三角级数》,张运筹的《三角恒等式及应用》,车新发的《三角解题导引》.本工作室有计划大量出版此类图书,但解题方法最多最全的还属本书.

从前的数学是以方程为主线展开的,及至近代变为了函数.到现代则代之以结构,中学数学还是以古典和近代为主,所以三角函数仍是重点之一.

三角函数(trigonometric function),亦称圆函数,是正弦、余弦、正切、余切、正割、余割等函数的总称.在平面直角坐标系 xOy 中,与 x 轴正向夹角为 α 的动径上取点 P,P 的坐标是(x,y),$OP = r$,则正弦函数 $\sin\alpha = y/r$,余弦函数 $\cos a = x/r$,正切函数 $\tan\alpha = y/x$,余切函数 $\cot\alpha = x/y$,正割函数 $\sec\alpha = r/x$,余割函数 $\csc\alpha = r/y$.历史上还用过正矢函数 $\text{vers}\ \alpha = r - x$,余矢函数 $\text{covers}\ \alpha = r - y$ 等.这 8 种函数在 1631 年徐光启等人编译的《大测》中已齐备.正弦最早被看作圆内圆心角所对的弦长,公元前 2

世纪古希腊天文学家希帕雷斯就制造过这种弦表,公元2世纪托勒密又造30° ~ 90° 每隔半度的正弦表. 5世纪时印度最早引入正弦概念,还给出正弦函数表,记载于《苏利耶历数书》(约400)中. 该书还出现了正矢函数,现在已很少使用它了. 约510年印度数学家阿耶波多考虑了余弦概念,传到欧洲后有多种名称,17世纪后才统一. 正切和余切函数由日影的测量而引起,9世纪的阿拉伯计算家哈巴什首次编制了一个正切、余切表. 10世纪的艾布瓦法又单独编了第一个正切表. 哈巴什还首先提出正割和余割概念,艾布瓦法正式使用. 到1551年奥地利数学家、天文学家雷蒂库斯在《三角学准则》中收入正、余弦,正、余切,正、余割6种函数,并附有正割表. 他还首次用直角三角形的边长之比定义三角函数. 1748年欧拉第一次以函数线与半径的比值定义三角函数,令圆半径为1,半创用许多三角函数符号. 至此现代形式的三角函数开始通行,不断发展至今.

中学课本中的三角函数符号早期同欧美体系,到20世纪五六十年代全面学习苏联又变为苏联体系,近些年又改了回来. 所以有些符号可能不尽相同.

读好本书有助于您考上理想大学,向上流动. 晚清差一点被颠覆,一个原因就是社会向上的通道不畅,洪秀全去考公务员,考了多次没考上,就出事了.

这是我们都不希望看到的!

刘培杰
2013年12月6日
于哈工大

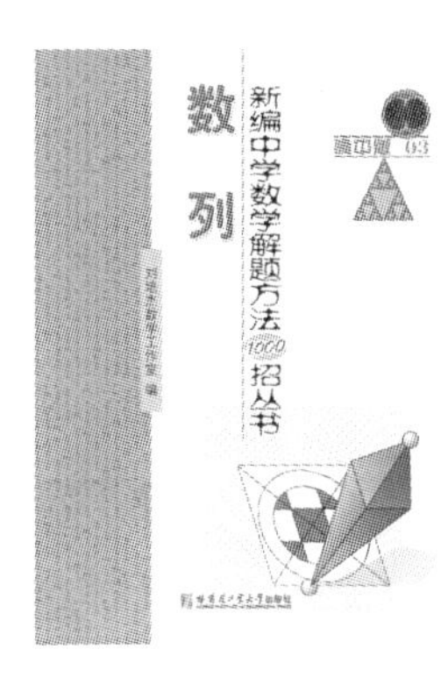

新编中学数学解题方法
1000招丛书——数列

刘培杰数学工作室

内容提要

本书以专题的形式对高中数学中数列的重点、难点进行了归纳、总结，涵盖面广，内容丰富，可使学生深入理解数列概念，灵活使用解题方法，可较大程度地提高学生在各类考试中的应试能力.

本书适合中学生、中学教师以及数学爱好者阅读参考.

前 言

数列是中学数学的传统内容，早期仅限于等差数列和等比数列.

等差数列出现很早，在俄国收藏家果连尼谢夫于1893年发现并购得的"莫斯科数学纸草书"和英国人兰德于1858年发现并购买的"兰德数学纸草书"中都有相应的题目. 等比数列在世界各国的数学文献中都有记载如：

《孙子算经》下卷有：今有出门望有九隄，隄有九木，木有九枝，枝有九巢，巢有九禽，禽有九雏，雏有九毛，毛有九色，问各几何？

意大利中世纪数学家斐波那契（Fibonacci，1170—1256）

1202 年所著的《算盘书》(*Liber abaci*) 中则有:

> "今有 7 老妇人共往罗马,每人有 7 骡,每骡负 7 袋,每袋盛有 7 个面包,每个面包有 7 把小刀随之,每把小刀置于 7 个鞘之中,问所列举之物全数共几何? 斐波那契因经商曾周游各国,他的《算盘书》为欧洲读者了解东方数学知识提供了方便.
>
> 美国人阿达姆斯(D. Adams) 在 19 世纪初写的《学者算术》(*Scholars Arithmetic*) 中也有类似的诗歌体的算题:
>
> 在我去圣艾凡斯途中,曾遇到七位农妇,每人携带七只口袋,每袋中有七只猫,每个猫有七只崽,请问口袋、猫与猫崽各多少?
>
> 在 D. J. 斯特洛伊克的《数学简史》中则被写成 7 个房间,每一房间有 7 只猫,每只猫抓 7 只老鼠. 斯特洛伊克评价说:"它表现了一些关于等比级数和的公式的知识."

关于递推数列最著名的当属斐波那契兔子问题(Fibonacci's rabbit problem),公元前 13 世纪意大利数学家斐波那契提出了这一问题, 记载于他的名著《算盘书》(1202)1228 年的修订本中. 原题为:某人有一对兔子饲养在围墙中,如果它们每个月生一对兔子,且新生的兔子在第二个月后也是每个月生一对兔子,问一年后围墙中共有多少对兔子? 斐波那契在原书中对此作了分析:第一个月是最初的一对兔子生下一对兔子,围墙内共有两对兔子. 第二个月仍是最初的一对兔子生下一对兔子,共有 3 对兔子. 到第三个月除最初的兔子新生一对兔子外,第一个月生的兔子也开始生兔子,因此共有 5 对兔子. 继续推下去,第 12 个月时最终共有 377 对兔子. 书中还提出,每个月有的兔子总数可由前两个月的兔子总数相加而得. 该问题因新颖巧妙,引起人们的广泛兴趣,许多数学家对它进行了研究. 现在称级数 $\{u_n\}$:1,1,2,3,5,8,13,21,34,…,($u_{n+1}=u_n+u_{n-1}$) 为斐波那契级数,据载是由 19 世纪法国数学家吕卡首先命名的. 1680 年, 意大利 - 法国学者卡西尼发现该级数的重要关系式 $u_{n+1}u_{n-1}-u_n^2=(-1)^n$. 1730 年, 法国数学家棣莫弗给出其通项表达式

$$u_n=\frac{1}{\sqrt{5}}\left[\left(\frac{1+\sqrt{5}}{2}\right)^n-\left(\frac{1-\sqrt{5}}{2}\right)^n\right]$$

19 世纪初, 另一位法国数学家比内首先证明了这一表达式, 现在称之为比内公式. 斐波那契数列是一种特殊的线性递归数列, 它在数学的许多分支中有广泛应用. 1963 年, 美国还创刊一种专门研究它的杂志, 称为《斐波那契季刊》.

递推数列最早在 1982 年的高考数学附加题中就出现过, 最近一些年比比皆是, 早已成为数学竞赛、自主招生及各地高考的热门题目.

中学数列问题延伸到大学就变成了一个庞大的体系, 即级数(series). 级数理论是分析学的一个分支, 它从离散的角度来研究函数关系, 是分析学的基础知识和研究工具, 在其余各分支中有重要应用.

在数学史上级数出现得很早. 古希腊时期, 亚里士多德就知道公比小于 1(大于零) 的几何级数可以求出和数. 阿基米德在计算抛物弓形面积时, 实际上求出了公比为 1/4 的无穷几何级数的和. 14 世纪, 法国数学家奥雷姆证明了调和级数的和为无穷, 他还把一些收敛级数与发散级数区别开, 给出级数收敛的某种判别法则. 但是直到微积分的发明的时代, 人们才把级数作为独立的概念, 把级数运算作为一种算术运算并正式使用收敛和发散两个术语.

在微积分的初创时期, 就为级数理论的建立提供了基本素材. 许多数学家通过微积分的基本运算与级数运算的纯形式的结合, 得到了一批初等函数的幂级数展开式. 例如, 牛顿在 1666—1669 年得到 $\arcsin x$, $\arctan x$, $\sin x$, $\cos x$ 和 e^x 的级数; 格雷戈里在 1670 年得到 $\tan x$, $\sec x$ 的级数; 莱布尼茨也在 1673 年独立地得到 $\sin x$, $\cos x$ 和 $\arctan x$ 的级数, 等等. 这些工作表明, 在 17 世纪下半叶数学家们在研究超越函数用它们的级数来处理方面是极富成效的. 在这个时期, 级数还被用来计算一些特殊的量, 如 π 和 e(牛顿、莱布尼茨、格雷格里、欧拉等) 以及求

隐函数的显式解(牛顿、泰勒、斯特灵、马克劳林等)等.

在17世纪末至18世纪,为适应航海、天文学和地理学的发展,要求各种数学用表有较大的精确度,因而数学家们开始寻求较好的插值方法.布里格斯、牛顿和格雷戈里等都深入研究了有限差分法,并得到以后两人名字命名的著名插值公式.这个公式由泰勒发展成一个把函数展成无穷级数的普遍方法,即建立了著名的泰勒定理,与其等价的现代形式为

$$f(x+h)=f(x)+hf'(x)+\frac{h^2}{2!}f''(x)+\cdots$$

从此以后,级数作为函数的分析等价物,用以计算函数的值,代表函数参加运算,并以所得结果解释函数的性质.在运算过程中,级数被视为多项式的直接的代数推广,在许多情形下就当作通常的多项式来对待.这些基本观点的运用,一直持续到19世纪初期,并获得了丰硕的成果.例如,雅可布·伯努利证明了调和级数的和是无穷,还成功地应用了比较判别法;欧拉把级数看作无穷次的多项式,利用根与系数的关系,计算出许多常数项级数的和,他还研究了伯努利多项式,给出调和级数的渐近表达式(引进欧拉常数)等;斯特材考察了 $\log n!$ 和 $n!$ 的展开式,德·摩根给出现称斯特灵逼近的表达式;拉格朗日和傅里叶也都做出了许多贡献.

同时,悖论等式的不时出现促使数学家们逐渐意识到级数的无限多项之和有别于有限多项之和这一事实,注意到函数的级数展开的有效性表现为级数的部分和收敛于函数值.级数收敛时其运算才具有合法性.在1810年前后,数学家们开始确切地表述无穷级数.柯西在1821年给出级数收敛和发散的确切定义,并建立了判断级数收敛的柯西准则以及正项级数收敛的根值判别法和比值判别法,推导出交错级数的莱布尼茨判别法,然后他研究函数项级数,给出确定收敛区间的方法,并推广到复变函数的情形.函数项级数的一致收敛性概念最初由斯托克斯和德国数学家赛德尔认识到,而确切的表述是由魏尔斯特拉斯(1842年前后)给出的,他还建立了逐项积分和微分的条件.狄利克雷在1837年证明了绝对收敛级数的性质,他和黎曼分别给出了例子,说明条件收敛级数通过重新排序使其和不相同或

等于任何已知数. 到19世纪末,无穷级数收敛的许多判别法则都已建立起来. 由傅里叶的工作引出的对三角级数的研究已发展成分析学的一个重要分支(见傅里叶分析).

在19世纪初期,随着分析基础的严密化,发散级数已作为不可靠的东西而被摒弃. 但是仍有一些数学家继续研究发散级数,天文学家也发现,这种级数可以提供很好的数值逼近. 到19世纪后期,发散级数这个课题又被重新研究. 数学家们对那些给函数很好逼近值的发散级数进行了认真的考察,得到有关级数渐近性的一些结果(庞加莱、勒让德等). 对发散级数研究的另一个课题是可和性问题,这个概念可以看作是收敛概念的推广或扩大,泊松、弗罗贝尼乌斯、波莱尔、德国数学家赫尔德、意大利数学家塞萨罗、法国数学家斯蒂尔杰斯等都有很深入的工作. 对发散级数理论的研究,扩大了分析学严密理论的适用范围,在傅里叶分析、函数构造论和微分方程等方面有许多应用.

本书涉猎广泛,有些已远远超过应付高考的需要,它不同于普通的练习册.

卢梭的《爱弥尔》有一句话:懂新闻不见得懂知识,所以北大的张维迎教授告诉青年读者,尽量少读报纸,我们现在的人懂新闻太多,没办法掌握知识.

同样的道理,我们现在有些学生做的练习册太多了,反而对解题方法及知识体系不甚了了. 这是有害的,我们的目标读者是优秀的高中生,掌握好数列的方法还有可能对一些名题提出一些自己的创见.

如,对定理——存在无穷多个素数——的新证明:

证明:假设不然. 设 k 是任意一个正整数,那么 $k! = \prod_p p^{f(p,k)}$,其中乘积跑遍所有的素数 p 并且

$$f(p,k)=\left[\frac{k}{p}\right]+\left[\frac{k}{p^2}\right]+\cdots<\frac{k}{p}+\frac{k}{p^2}+\cdots=\frac{k}{p-1}\leqslant k$$

因此 $k! < (\prod_p p)^k$. 但是 $\lim_{k\to\infty}\frac{(\prod_p p)^k}{k!}=0$,这与前面的式子矛盾.

第二个证明:只需证 $\sum\frac{1}{p}$ 发散.

假设 $\sum \frac{1}{p}$ 收敛,其中和号跑遍所有的素数. 那么对某个素数 q, $\sum_{p \geqslant q} \frac{1}{p} = S < 1$,设 $t = \sum_{p \geqslant q} \frac{1}{p}$,那么对所有的 $n \geqslant 1$,如果 p 是一个素数,且 $p < q$ 就必有 $p \nmid (1 + nt)$. 因此对 $n \geqslant 1$, $1 + nt$ 是所有 $\geqslant q$ 的素数的乘积. 因而

$$\sum_{n \geqslant 1} \frac{1}{1 + nt} \leqslant \sum_{p \geqslant q} \frac{1}{p} + \sum_{p_1 \cdot p_2 \geqslant q} \frac{1}{p_1 p_2} + \sum_{p_1 \cdot p_2 \cdot p_3 \geqslant q} \frac{1}{p_1 p_2 p_3} + \cdots = S + S^2 + S^3 + \cdots < \infty$$

然而

$$\sum_{n \geqslant 1} \frac{1}{1 + nt} \geqslant \sum_{n \geqslant 1} \frac{1}{1 + nt} = \frac{1}{1 + t} \sum_{n \geqslant 1} \frac{1}{n} = \infty$$

因此我们得出矛盾.

以上是中科院的冯贝叶先生综合《美国数学月刊》给出的数列新应用,很新奇.

作为自由主义领袖,胡适在五四新文化运动中曾大力宣传个人主义,在《易卜生主义》中他曾写道:“你要想有益于社会,最好的法子莫过于把你自己铸造成器.”

中学生想成器,本书有帮助!

刘培杰

2013 年 12 月 2 日

于哈工大

新编中学数学

解题方法全书

(高考复习卷)

张永辉

内容简介

本书为快速提高考生的解题水平和技巧而编写的应试用书. 本书从历年的高考真题和国内外的书刊资料中筛选重要题型,归纳并总结各种题型的解题方法和技巧,开阔考生的视野,提高考生的解题速度.

本书适合高中师生参考使用.

前　言

高考数学复习该抓什么? 众所周知该抓基础 —— 基本理论、基本概念、基本运算;该抓解题方法和技巧. 后者如何抓? 许多人主张多做题,"熟读唐诗三百首,不会作诗也能吟." 诚然,多做题不失为一种方法,但不是捷径. 我们认为最有效的方法是抓题型,从历年的高考真题和国内外的书刊资料中通过认真分析,筛选出重要题型,然后归纳总结出各种题型的解题方法和技巧,才能使广大考生在复习数学时起到事半功倍、举一反三、触类旁通的效果.

本书就是出于快速提高考生的解题水平和技巧编写的应试图书. 本书有如下特点:

(1) 遴选题型精当,具有典型性、代表性,有一定的难度、广度,与高考大纲(或复习说明) 吻合;

(2) 针对题型精选的例题所做的详尽分析、解答对考生很有启发性,尤其是“评注” 部分,寥寥数语的点睛之笔,起到拨云见日、开阔视野的作用;

(3) 介绍讲解至今辅导书上所没有的一些解题方法和技巧,这可大大提高考生的解题速度.

编者

2009 年 9 月

新编中学数学
解题方法全书
（高考真题卷）

张广民　王世堃

内容简介

本书汇编了全国（Ⅰ）、（Ⅱ）卷+8省市自主命题卷+10省市区新课标等39套高考数学试卷.在编写过程中,编者本着"以生为本"的原则,着重突显题目中"审题要津"这一特点,不仅使学生明白题目应该"怎么做",更重要的是点拨学生应该"怎么想"！本书师生同册、题后随解、教学相长、沟通便利,使每一位读者能从本书中得到"审题举轻若重,解题举重若轻"的启示.

本书适合高中师生及数学爱好者参考使用.

前　言

2007年5月底的一天,天津芦台一中冯克俭和育红中学刘勋找到我,商议编写一册各地高考数学试题汇编.他们不仅是主管教学的校长,还都是数学教师.在此之前,我也曾有过类似想法.然而,遍览当时流行于图书市场的这类书籍不下十余种,虽说是逐题详解,但大多是"千篇一律",照搬"标答",其克隆痕迹比比皆是.我不甘心拾人牙慧,又一时拿不定主意,为集思广益,便邀请了当时天津实验中学的王连笑,南开中学的王世堃、邵德彪和25中学的陈文胜等几位教师商议.对他们解答高考题的“七步之才”,我是早有耳闻的.共谋“大计”之时,我的态度明朗而坚决:要做,就必须独辟蹊径,独具特色,独具亲和力.而“按章节分类”早有先例;“编一题多解”易堕拼凑;“论命题趋势”难避空泛.在大家议论“如何是好”之际,王世堃老师冒出了:“编写成解法研究如何?”面对这突兀其来“挑战自我”的倡议,一时会场缄默,备受启发的同时,大家也都感受到了“重担在肩”的压力……

那一年,原本计划8月份出版的《试题详解汇集》,直至12月底才以《解法研究与点拨评析》的“新面孔”亮相.“求木之长者,必固其根本.欲流之远者,必浚其泉源”,虽错失商机,却在所不惜.大家相信“独具慧眼”的读者,总会形成一个群体.

功夫不负苦心人,呕心沥血,玉书汝成.该书别具一格的体例,深入浅出的评析,不仅赢得了各地师生的称道,也受到了周沛耕、储瑞年等名师的关注.中等数学教育专家杨之先生感佩之下特为该书作序.

然而,一名身为数学教师的学生家长来电使我惊异,他手持话筒,边读前言边评论“教者把握,‘题后随解’备课顺手,不假!习者演练‘书后附答’,用来便利,非也!我的孩子是河北省重点中学的学生,很努力.但面对压轴题也常一筹莫展,好不容易翻到答案,又只见‘身子’不见‘头’,搞得头昏脑涨.”“希望你们能以生为本”,意见尖锐,但中肯.

“以生为本”,这是原则.为此,我们将2008年的《解法研究与点拨评析》的体例,毅然决然地改为“独一无二”的“师生同册,题后随解,教学相长,沟通便利”.与此同时,通过电子邮件征询一些(各地)教师意见时,少数人反对,多数人支持,三七开!

“以生为本”终有回报.不仅高三学生,甚至一部分高一、二的学生也多方求购.

去年书出版之后,我给老友的孙子,西安市高新区一中董哲同学寄去一册,并附一信:“王连笑老师说,把一些不同类型的,原汁原味的高考题做透,即能以不变应万变,你可按他的建议专攻这本书.”他照办了,最后他的高考数学成绩是142分.

平时,他是班上的中上等生.

事后他的爷爷,资深数学教师,原河北省玉田一中校长董逸民先生来电:“书写得不错,很多题目的解法也很新颖,点拨评析也很透彻.但学生希望得到的不仅仅是题目‘怎么做’,最关心的而是‘怎样想’.”言简意赅,一语中的.

今年,为了满足学生们这个如饥似渴的愿望,我们在编写体例中突出了“审题要津”这一条目.面对本书这一要“筋”,四个多月以来,数十名教师殚精竭虑,数易其稿.我们的感触是:如果把“解法研究”喻为“爬山”,“审题要津”足可称为“负重攀登”,苦!但必须要做,这是教师的职责.难有何惧?我们做了,做得很累,兴趣使然,愉悦自在其中.我们希望每一位读者能从本书中得到启示:“审题举轻若重,解题举重若轻”,这便是我们的初衷.

本书将各地区试卷中,因难度较大而充当压轴角色的选择、填空、解答共96道试题,独立成章,冠名“豹尾篇”,以飨读者.

由于水平所限,不足之处在所难免,恳请读者提出意见.不吝赐教.

王成雅
2009年12月

新编中学数学解题方法全书（自主招生卷）

佩捷

内容提要

本书共包括七个部分：第一编・概述篇，第二编・专题综述，第三编・推广加强，第四编・真题解析，第五编・个案探索，第六编・讲座精选，第七编・面试技巧与命题方法. 本书以专题的形式对自主招生考试数学科目中的重点、难点进行了归纳、总结，涵盖面广，可使学生深入理解数学概念，灵活使用解题方法，可较大程度地提高学生在自主招生考试中的应试能力.

前　言

美国加利福尼亚大学（伯克利）数学教授伍鸿熙（Hung-Hsi Wu）曾在1999年发表过一篇文章题为：数学教师的专业培训（Professional Development of Mathematics Teachers）发表在《美国数学会会刊》（*Notices of the AMS* Vol 46. No. 5（1991）pp. 535-542）. 在文章的开头他严正指出：

“你不能教你不懂的东西”. 然而，在我们的数学教师中恰恰有不少人可能正在这么教着：正在讲授他们所不懂的东西.

在没有自主招生考试之前，国内的中学数学教师都是胜任的. 因为高考是有大纲的，而数学竞赛的培训往往由大学教师承担，所以多数高中数学教师大可高枕无忧. 但是现在自主招生来了，没有考试大纲，范围漫无边际. 可以是早年招考硕士研究生的试题，也可以是几何数论中的基本定理. 这对于中学数学教师来说将带来两大挑战：一是内容完全不懂，如 Cauchy 方程、Minkowksi 定理；二是内容虽懂但深度不够，难题做不了. 如 2013 年清华保送生考试第 2 题，所以手中有一本专门的、全面的讲解如何辅导及讲解自主招生的大全式图书是必要的.

1926 年年仅 15 岁的陈省身在天津扶轮中学校刊上发表了一首小诗“纸鸢”.

> 纸鸢啊纸鸢！
> 我羡你高举空中；
> 可是你为什么东吹西荡的不自在？
> 莫非是上受微风的吹动，
> 下受麻线的牵扯，
> 所以不能于青云而直上，
> 向平阳而落下，
> 但是可怜的你！
> 为什么这样的不自由呢！
> 原来你没有自动的能力；
> 才落得这样的苦恼.
>
> （陈省身《陈省身文集》上海：华东师范大学出版社，2002 年版，第 337 页）

中学生藏龙卧虎，不乏像陶哲轩式的天才少年，以往在没有自主招生的年代里，他们被强行摁在了高考的天花板之下，痛苦而无奈像纸鸢一样不能自由遨游. 早年如刚刚改革开放时，还有不拘一格的佳话. 如随着孪生素数猜想的获证，张益唐和北大数学 78 级重新引起了世人的瞩目，其中就有一位小天才叫王鲁燕. 如果你手中有 1978 年 6 月 20 日的《光明日报》，你会读到如下的励志型报道：

> （全国）数学竞赛第十五名王鲁燕是北京通县一

中初二学生,今年只有十四岁.在一年多以前,他是一个上课不听讲,下课爱打架的学生,调皮起哄,全校有名.粉碎"四人帮"之后,整个社会的风气变了,学校的风气变了,王鲁燕的"学不学都上学,会不会都毕业"的思想从根本上动摇了.恰在这个时候,王鲁燕转学到通县一中,模范教师刘纯朴是他的班主任.刘老师因势利导地对王鲁燕进行政治思想教育,又根据他爱动脑筋的长处,加强对他进行智育教育.仅仅一年多的时间,不仅把他培养成为"三好"学生,而且学完了高中数学课程,在数学竞赛中,取得了好成绩,引起了人们的极大注意.

后来在北大数学系78级的数学各门考试中都拿高分.据香港浸会大学的汤涛回忆:(王鲁燕)数学尤其是纯数学的课学得极好,据说抽象代数课很多人都在及格的边缘徘徊,他可以得100分.那时给78级开课的老师可都是北大老师中的人精,著名数学家丁石孙、聂灵沼、张恭庆、姜伯驹、姜礼尚等都给78级上基础课,要在这些人手上拿高分可不是开玩笑的.(汤涛、张益唐和北大数学系78级《数学文化》,2013年第4卷第2期)

在今天中学生人数远多于20世纪80年代,所以具有数学天才的中学生人数一定不会少于当年,我们要给他们充分的展示空间.这时自主招生是一个通向天台的后楼梯(前楼梯当然是高考).所以我们希望本书成为他(她)们自主学习的一个帮手,让其在广阔的蓝天上自由翱翔,如是这部凝聚着近百位名师结晶的著作便完成了它的使命.

作　者

2013年6月

编辑手记

以82岁高龄逆袭成为大受欢迎的畅销书作者和意见领袖

的资中筠曾有惊人之语:“现在的大学,特别是名牌大学,招天才英才而毁灭之.这是伤天害理的事情”.而几乎与此同时,教育部党组副书记,副部长杜玉波在2013年3月29日召开的高校自主选拔录取改革试点工作会议上的讲话中,宣布了如下数据:

截至2012年,试点高校达到90所,通过教育部“阳光高考”平台累计公示自主选拔录取资格考生19.8万人,实际录取了10.7万人.

在中国高考制度经历从民国时期的一校一卷的个性化招生到新中国成立后全国一张卷的大一统模式再到十年前开始沿革至今的“北约”,“华约”,“卓越联盟”三大组织的自主招生,走过了一个轮回,从某种程度上也体现了中国教育思想的一次“复辟”.

在2013年高校自主选拔录取改革试点工作会议上,北京大学代表以“不拘一格选人才”为题做了如下发言:

> 自试点以来,北京大学遵循人才选拔与成长规律,逐步探索出一条符合高等教育发展规律、与北大人才培养、学科建设相适应的拔尖创新人才选拔新道路,招收了一大批学科特长突出、具备创新潜质的优秀学生.
>
> 清晰定位选拔对象.将招收“学科特长突出、具备创新潜质”的高中毕业生写入招生简章,并且将其作为制定、评价学校自主选拔录取工作的重要依据.
>
> 改革评价标准和考试形式.新评价标准不再把一次考试成绩作为衡量学生是否优秀的唯一标准,而是把考查重点转向对学生长远发展更为重要的潜能、理想抱负、想象力、逻辑思考与批判性思维、领导力、社会责任感等要素上来.将初试科目调整为报考理工类专业的学生考数学、物理,文史类专业考语文、数学.同时允许文理科学生互选专业.
>
> 探索多元化的自主选拔录取形式.学校考古、哲学、天文、地质、信息科学技术等学科通过举办夏令营

> 的形式,选拔了一部分对特定学科感兴趣的优秀学生.在夏令营活动中获得优秀营员称号的学生,将自动获得北大自主选拔录取笔试的资格,笔试合格者可免面试获得北大自主选拔录取候选人资格,在高考填报志愿时限报考相应的学科.同时试点院系自主选拔录取.院系对于招收和培养什么样的学生最有发言权,从学科特点和人才培养定位出发,积极选拔具有学科潜质和学科热情的优秀学生,不仅增强了试点学院生源的多样性,而且增强了选拔的针对性、科学性和有效性.(恰如资中筠所言:"中国的教育再不改变,人种都会退化,这就像土豆要退化一样")
>
> 继续向农村户籍考生倾斜.2013 年,学校将在自主选拔录取的初审、复试、确定候选人等环节对农村地区中学和农村户籍考生适当倾斜,并对国家确定的重点农村扶贫开发地区给予重点扶持.
>
> 自主选拔录取改革试点的核心是打破分数作为唯一录取依据的桎梏,任何考试的成绩都应当只是参考依据,应以学生的综合素质评价为基础,而不是仅以考试成绩为基础进行录取,才能打破"唯分数论",改变人才培养千校一面的现状,为建设创新型国家提供强大的人力资本支持.

从数学人才培养的角度看,现行教育制度及高校招生方式过多地照顾了教育的公平性,而在很大程度上牺牲了数学精英人才的培养.对此张奠宙教授有过论述.

在同一次会议上,清华大学代表以"实现专业选择的精确制导"为题做了如下发言:

> 学校在今年的自主选拔中将招生对象明确为"具有学科特长和创新潜质的优秀学生",突出对学生学科特长基础的考查,并在复试中更加突出对学生的专业评价.重视具有创新潜质的优秀高中生,尤其是在高中课程之外的领域有创新性研究和成果的学生.在

2012年的自主选拔中,清华就在“新百年计划”中推出了“拔尖计划”,面向在某一领域学有所长的优秀学生,结合自主选拔笔试和学科(专业)面试的方式进行选拔.

全力构建自主选择综合评价体系,促进学生健康发展.清华总结出一套注重考生在高中阶段学习成绩以及综合表现,再结合面试表现等多方面对考生做出综合认定的评价体系,打破仅凭考试成绩来评价学生的传统做法.

学科(专业)面试.两年来,包括图灵奖获得者姚期智先生、化学系系主任张希院士、物理系朱邦芬院士等清华大学的著名专家、教授都亲临面试现场与考生面对面,对考生进行学科(专业)素质测试与评价.这实现了专业选择的“精确制导”,大大增加了具有专业潜质的优秀考生成长为未来拔尖创新人才的可能性.

体质测试.“体魄与人格并重”是清华重要的育人理念.从2011年开始,清华大学将体质测试纳入自主选拔复试环节.此举在考生、家长和社会中引起了积极正面的反响.体质测试不仅有利于学校选拔出学习与体魄并重、德智体全面发展的优秀人才,也向社会传递了德智体并重、全面发展的教育理念,以积极引导基础教育重视提升学生身体素质,促进学生健康成长发展.

维护教育机会公平,时刻不忘社会责任.清华专门为经济、教育欠发达地区,特别是农村和边远地区的学生推出“自强计划”.自强计划专门面向国家扶贫开发工作重点县的县级及以下中学进行选才,采用中学推荐与专家组审核的方式确定初选名单.入选自强计划的考生在自主选拔的笔试和面试中均单独划定分数线.去年全国有29位考生借助自强计划最终得以进入清华就学.清华大学希望通过自己的努力,为寒门学子点亮一盏希望之灯,激励他们秉承清华自强不息、厚德载物之精神,努力学习,成才报国.

在清华大学的自主招生试题中,有许多具有高等数学背景的问题.如闵可夫斯基在数的几何中的基本定理等,这些试题的出现为打破高考试题“八股化”.引导中学师生进行广泛的课外阅读,促进现代数学思想在中学数学中渗透起到了引领作用.为沉闷的高考数学吹进了一股清凉的风.

尽管这种招生方式也遭到来自学术界的批评,中国社会科学院近代研究所研究员雷颐在清华大学演讲时指出:大学自主招生的前提是大学具有相对的独立性.现在大学是教育部下属的一个机构,到招生的时候,各种条子给大学领导很大压力,中国的大学校长本身都是官员,清华等22所大学的校长是副部级,其他都是局级.这种情况下,谈什么大学自主招生呢?(胡显章,曹莉主编《学术与人生》,清华大学出版社,2011年26页)

费尔巴哈说:“窒息的、封闭的环境可以让一切有价值的思想枯萎.”

自主招生之所以能在十年的时间里由个例化的探索演变为被广泛接受的一股不可阻挡的新潮流.除了其个性化得到广大中学师生的认可外,它还打破了以往高考数学的封闭空间.有人曾不无尖刻地指出世界上存在着三种数学:初等数学、高等数学和高考数学.当这一具有固定大纲的制定,日益成为由小圈子来制定后,广大偏远地区考生上名校的机会在变小.

在腾讯微博上有一位叫朱学东的网友写道:

当机会匮乏,上升渠道狭窄时,当资源越来越掌握在少数人手中,成为少数人的可能性越小时,当这种自由选择度越来越小时,人们这种感觉就会越发强烈——输不起.只有输得起了,我们才能走向常态的社会.而输得起,必得有一可供自由选择的开放社会.

所谓开放的标志一是主体多元化、二是渠道多样化.目前成规模的主体有三个“华约”、“北约”与“卓越”.其试题标准风格各异,有人将其比作“中国的常春”.我们先看一看美国的常春盟校(The Ivy League)——美国东北部八所院校:布朗大学、哥伦比亚大学、康奈尔大学、达特茅斯学院、哈佛大学、宾夕法尼亚大学、普林斯顿大学、耶鲁大学.它们本身虽是以体育结盟而起,但实际上却因为该联盟顶尖的学术水准成为美国最顶尖名校的代言词.

中国这种类似于常春盟校的主体也正在逐步形成,这对于中国高等教育生态系统的健康化是十分有益的.对中国迈进世界先进国家也是十分重要的.

1919年,司徒雷登应邀去北京时,中国已经进入了酝酿民族与文化复兴运动的关键时期.按照司徒雷登先生的说法,那时的国立北京大学早就成为"国家的知识发电机".而燕京大学(Yenching University)未来的邻居清华大学,则已经开始跻身中国最好且最具影响力的大学之列.

本书最易遭人诟病的一点可能是:它从广义上说也是一本应试教育的读物.不过此应试非彼应试.它们之间有着本质的区别.严格说来它是针对少数优秀人群的.

高晓松在2012年2月19日发表了一篇微博说:"那些声称被应试教育毁了的人,不应试也会自毁;那些抱怨婚姻磨灭理想的,不结婚也成不了居里夫人;那些天天唠叨这个体制捆绑下无法创作伟大作品的,去了瑞士也一样找不到灵魂的自由.大家面对同样的时代,却找出不同的借口,每个人都在窗前看这个世界,有些人看见的只是镜子,有些人伸手不见五指."

尽管自主招生考试也是一种考试,但它对优秀学生意味着多一次机会,特别还有些数学文化和常识题更对提高素质有益.

据早年的老北大学生周清澍回忆说:在新中国成立初期高考试题常问国家主席、副主席是谁,普遍不知刘少奇和高岗两人,有人甚至把主席答成蒋介石.(沙滩北大二年《读库0805》,新星出版社,2008年118页)

现在,在数学文化方面更是如此,很多中学生不知道欧拉、高斯、欧几里得.很多大学生不知道阿贝尔、迪利克雷、希尔伯特,许多研究生不知道布尔巴基学派、莫斯科学派、剑桥学派,有人会说:知道这些没什么,况且在互联网时代上网一查便知.

诺贝尔物理学奖获得者"光纤之父"高琨说:"正是光纤使那些真伪莫辨,良莠不齐的资讯得以充斥互联网上,不分畛域,无远弗届.”

对于学生来说,纸质书是不能用网上的东西代替的,因为经过审校与编辑加工的东西是比网上的知识更有条理和层次也更准确.

本书是近百位专家集体智慧的一个结晶.对自主招生试题的研究是当前初等数学研究的一个热点.在本书中可谓群贤毕至,高手咸集.

2011年初,《物理评价D》(*Physical Review D*)杂志刊登了一篇关于引力波探测的论文,这篇论文共有722位作者.与之相比本书作者人数还不算太多.但这已经差不多是目前国内高校和中学中研究自主招生群体的全部了.这个群体在中学数学研究领域是优秀的,也是相对专业的.中国各领域目前都呈现出“山寨”泛滥的趋势,体现在教辅书的市场上便是垃圾书越编越多.

王朔说:“一个国家不能总是乱,什么什么老是一帮业余人士在里面捣糨糊,海晏河清终有日,大家各归其位,换专家来.”

在初等数学领域有两个方向历来是专家聚集之地,一个是数学奥林匹克高层培训领域,早期有常庚哲、张筑生、单墫、齐东旭、黄玉民、李成章等数学家参与.二是自主招生命题方面,有一批大学数学教师与中学数学教师中的精英在做.所以这两个方向相对业余人士少一些,值得有识之士一试身手.

本书成书不易,受众高端所以自然书价会高一些,但你值得拥有.

德国最大的报纸《图片报》的政治新闻记者马龙(中文名)说:“有一句话你得记住,这是每个德国人都知道的话,我没记错的话是来自尼采:‘对一本喜爱的书,你绝对不能借,而要占有它’”.

记住,要占有它!

刘培杰

2013年8月1日

于哈工大

2011 年全国及各省市高考数学试题审题要津与解法研究

邵德彪

内容提要

本书汇集了2011年来自全国各省市35套高考数学的全部试题.试题按章节划分,每节的题目以先易后难为序.本书不同于罗列解答过程的题解手册,着重的也是填补其他教辅空白的是引导学生迅速发现解题入口的审题要津及比较不同思路的解法研究,使读者"知其然,又知其所以然",正是本书独具之特色.本书对绝大多数典型试题提供的解法,与流行于市场的各种版本截然不同,其新颖独到的思路体现了卓尔不群的思维品质.

本书不仅对应届参加高考的学生是值得把握的一册珍贵资料,同时也适合于高中教师及数学爱好者参考使用.

前 言

本书是我们继2007年起编写的第五本透析高考试题解法的专册.

回顾我们走过的历程:

2007年11月出版了《2007年全国及各省市高考数学试题——解法研究与点拨评析》;

2008 年 12 月出版了《2008 年全国及各省市高考数学试题 —— 解法研究与点拨评析》;

2009 年 11 月出版了《2009 年全国及各省市高考数学试题 —— 审题要津与解法研究》;

2010 年 11 月出版了《07 ~ 10 年全国及各省市高考数学精品试题 —— 审题要津与解法研究》.

在这四年中,我们始终坚守以生为本,"有所不为"的原则,一是坚决不做"拾人牙慧"的"克隆版本";二是贯以"题后随解,师生同册"的体例. 虽因出书较晚又悖于"师生有别"而错失商机,但我们在所不惜且终无悔意,我们坚信的是独具慧眼的师生终究会形成一个群体.

2009 年将《解法研究与点拨评析》改为《审题要津与解法研究》是本书层次上的一个升华.

"审题"理应是贯穿于解题全过程的思考行为. 了解、整合题设条件是"审题",挖掘隐含信息是"审题",解题过程中提炼承上启下的随机信息仍然是"审题".

着墨于"审题要津",一是要引导学生尽快地发现解题入口,二是要引导学生利用解题过程中新得到的信息来层层闯关. 将这种理念传输给学生,这就需要我们对形形色色的各种典型试题逐一地进行深入探究并付诸文字,谈何容易! 这一独辟蹊径的创意在各种版本的教辅书中是从无先例的.

突出"审题要津"的新版样张公示后,引起了各地数学教师和教研人员的普遍关注和企盼. 王连笑、储瑞年、周沛耕等享誉全国的名师也在百忙之中顾问此事并寄来稿件. 对来稿的处理,我们坚持不计职称,不论名望,题题署名,择优录用的原则. 事实证明,文责自负的首创之举极利于保证质量.

2009、2010 连续两年,来自不同省市地区的教师对近千余道高考试题提供了与"标答"迥然不同的解法,其不落俗套的思路赢得了广大师生及读者的称道. 出自王世堃、邵德彪、王连笑等高手的精妙之解,尤其引人注目.

以生为本,终有回报,尽管本书每年临近寒假方才上市,但销量却逐年递增. 更有一些高一、高二的学生在书店见到本书后,纷纷来电希望我们继续编下去. 哈尔滨工业大学出版社刘培杰先生也于今年4月初专程抵津与我们洽谈合作出版2011年《审题要津与解法研究》之事.

为了把2011年的书编写的更好,我们通过电子邮箱向一些学校发出了征稿启事,始料不及的是,专事物理教学的两位教师,北京的连文杰和天津的陈宝昌也专程将他们的题解送到了编委会. 数学的特有魅力总是让人捉摸不透.

正当编写工作紧张而有序地进行之中,一件不幸的事情发生了 —— 王连笑先生7月21日晨突发脑溢血,经抢救无效,于8月5日15:00离世.

连笑先生一生痴迷数学解题研究,热爱教学工作,培养年轻教师不图回报,不遗余力. 他从二十岁出头便著书立说. 等身之作早已使他名扬大江南北,但他一点架子也没有. 他坦荡、诚恳,口无遮拦. "挑我错的,王世堃算一个","小邵也不客气,那是哥儿们,无所谓!",连笑如是说,于是组建编委会时我认准了这二位.

大家传递着王连笑先生7月初发来的十几个省市高考数学试题详解邮件的打印稿时,无一不陷入深切的悲痛之中. 然而,仅是痛惜连笑"谢幕"的缺憾是无济于事的,斯人已去,歌功颂德,皆属空泛. 把他惦念的事情、想做的事情继续做下去,做好,则是对他最诚挚的悼念. 无言之中,我们都怀着这份心愿……

在本书杀青之前,廊坊市一中的闫凤林,河北省沽源县一中的刘金泉,河北省吴桥一中的陈小鹏,陕西省浦城县桥山中学的张东鸣,天津市第14中学的何秀岭,天津咸水沽一中的张孝福、韩杨,天津市大港油田一中的吕希稳八位老师及石家庄二中的徐奕哲、崔润东、于浩、王翰墨、贾东旭、张荷旋六位同学为本书做了有益的审阅和勘校工作,在此一并致以谢意.

王成维

2011年9月30日

全国中考数学压轴题审题要津与解法研究

孙家文

内容提要

本书以十二个专题对中考数学进行深入剖析，分别是几何综合题、坐标与几何、图形中点的运动图形的折叠、旋转及剪拼、代数综合题，等等，本书着重解决中考数学中学生普遍感觉困惑的疑问、难点、重点问题. 本书是备考中考的精粹解题大典.

本书适合初中生学习和初中教师参考使用.

前　言

中考对数学成绩层次的区分和对优秀生的选拔主要依靠压轴题来完成预设目标. 新课程改革以来，一些省市在适当调整各类题型的最后一题难度的同时，相应地提高了倒数第二题的难度. 本书所有题目，都是从近几年来全国各地中考数学试卷中的选择、填空和解答题的最后两题当中精选出来的.

这些题目突出的是：综合性、深刻性、灵活性、创新性和阶梯性. 这些特征既体现在命题设计上，又体现于我们审题和解题的感悟之中. 综合性是指它广泛覆盖初中数学的重点知识，全面考察解决数学问题的各种数学方法；深刻性是指它凸现数学知识和方法的本质,突显数学思想的应用价值;灵活性是指在解题过程中要善于掌握图形与数式的转换,实际问题向数学模型的转换,以及不同思维角度的转换;创新性是指命题设计的不断出新以及解决问题所需要的创新意识和创造能力;而阶梯性既指命题设计中把握“起点低、坡度缓、尾巴翘”的原则,以使不同层次的学生都能得到符合自己真实水平的成绩,又指在解答过程中需要制定的合理解题程序,步步攀登,直至终极目标.

压轴题是中考试题中的精华,它凝聚着命题者的智慧与心血.不少压轴题或从课本的例题、习题演变、延伸而来,或从实际生活中提炼、归纳而成.多数压轴题将代数与几何的核心知识科学整合,合理链接,寓意深刻.一些压轴题精致灵动,把观察、探求、计算和证明巧妙融合,可谓独具匠心.近年来的压轴题多以平移、旋转、翻折等图形变换与直线、抛物线、双曲线有机结合,在平面直角坐标系这个舞台上联袂演出压轴大戏,动静有秩,高潮迭起,充满创意,令人赏心悦目!我们深感有责任将它们归集成册,以飨读者.

不久之前应光明日报出版社之邀,我们编写出版了《中考精品试题解析与研究》,限于篇幅,忍痛删去了压轴题一章.承蒙哈尔滨工业大学出版社刘培杰先生的垂青,遂又重新着手弥补上述缺憾.编写伊始我们相互约定:“每位编者都要按分工独立思考解答,谁也不准看参考答案”.在这紧张忙碌的百日之内,每位编委都经历了灯下夜战与室内踱步相伴,苦思冥想与拍案而起相生,突围成功与一气呵成相随.火花伴着逾越“题坎”,灵感随着清除“题障”,智慧源自多年功底.尔后的自查互查阶段又经历了:肯定与否定的交锋,欣赏与争论的碰撞,于是催生出更简捷、更优美的思路,孕育出更合理、更圆满的解答.这是对我们所拥有的数学知识的一次大的洗礼,也是对我们自身数学能力的一次大的提升.

编写过程中我们也有难言的苦衷:一是因为不同压轴题之间所涉及的知识和解决方法往往“你中有我,我中有你”,很难对它进行“不重不漏”的科学分类;二是难以归纳出解答所有压轴题的通性通法.编写此书的实践,终于使我们感悟到:压轴题的难以分类和它的解无定法，正是压轴题本身的魅力之所在！

本书分为12个专题. 这些专题的称谓主要是根据题目及其中图形所呈现出来的形式来确定的. 其出发点，谨在于使学生和老师容易查找. 本书鲜明的特色是每一道题的解答前后都分别设计了"审题要津"和"解法研究". 而这正是诸位编委亲历审题思考 — 解题设计 — 分析解答 — 矫正反思 — 归纳提升的全过程后，其心得体会和经验教训的结晶.

"审题的深透程度是决定解题顺利与否的关键." 压轴题从题设到结论，从内容到图形，内涵丰富，条件隐蔽，本书之所以突出"审题要津"，意在引导读者捕捉题干中的隐情，辨识图形中的内涵，及时发现合理的解题入口，从而迅速把握解题抓手，架设由题设条件通往终极目标的桥梁，借此引导学生步步深入，层层闯关.

圆满地解答压轴题，既需要扎实的数学基础知识，全面的数学能力及良好的表达方式，更需要以基本的数学思想为支撑，正确处理数与形，动与静，直接与间接，正面与侧面，特殊与一般，整体与局部的辩证关系. 要善于转化，善于调整. 压轴题的深刻内涵和解答过程的艰辛，必将给予学生和老师以深刻丰富的启示和弥久弥醇的回味. "解法研究"不仅给出该题不同思路，同时归纳总结一般规律及派生的结论，与此同时也指出解答本题的关键所在及易错点和需要注意的环节，以指导学生解后反思，触类旁通，提升能力，优化思维.

我们相信阅读本书的莘莘学子一定会从"审题要津"与"解法研究"中感受到深入浅出的点拨指引，领悟到高屋建瓴的数学思维. 我们更期待阅读本书的教师同仁通过邮件(邮箱：XDLH1@yahoo.com.cn)提出自己的卓见.

本书虽已竣工，研究未有穷期. 丰富多彩的压轴题必将创设出浓厚的研究氛围，不断创新的压轴题也必将引发出新的研究课题. 愿本书能成为引玉之砖.

南开大学应届毕业生郭文峰，天津理工大学应届毕业生徐廼苓，以及天津新华中学李智，实验中学岳晓斐，天津一中刘润哲，第二南开中学徐雅楠等同学在本书付梓之前的勘校工作中投入了大量的精力,对此我代表本书编委会全体同仁向这些同学表示由衷的谢意.

孙家文

最新全国及各省市高考数学试卷：解法研究及点拨评析

邵德彪

前言

谈到学习数学，一代宗师华罗庚曾说："要善于'退'，要大胆地'退'，足够地'退'，'退'到最原始而不失去重要性的地方，是学好数学的诀窍！"言简意赅，意味深长. 我们理解，"最原始而不失去重要性的地方"，不仅是指基本概念及蕴含于其中并由此衍生出来的定理、公式、法则等，而且包括推导这些定理、公式、法则所用到的数学原理和数学思想. 这一切，都体现在数学课本之中，体现在认真阅读、细心研讨课本的优秀教师和优秀学生的深刻感悟之中. 也可以不无遗憾地说，体现在被人们忘却或被冷落的经典书籍之中. 而一些醉心于在"题海中"冲浪的朋友们"数典忘祖"，似乎忘记了数学的根本.

从把"做作业"说成是"写作业"那一天起，一部分学生便是只做题，不读书. 我们编写本书的宗旨，仅在于引导学生树立"回归"意识，引导学生品味"退就是进"的哲学理念.

本书每章节试题均以先易后难为序，"题后随解"阅读顺手，师生同册，沟通便利.

本书不就题论题，即便是客观性试题，各种解法均提供详细依据，纵然思考途径不一，点拨评析紧扣双基，创造性思维异彩纷呈，来龙去脉剔透清晰. 图文并茂，时时告诫数形结合，宾不夺主处处强调逻辑推理.

本书对众多典型试题提供的解法,与流行于市场的各种版本,少有"同胞"胎记."点拨"风趣幽默、新颖独到;"评析"深入浅出,鞭辟入里.逻辑推导处处科学严谨,文字表述绝无故弄玄虚.基础薄弱的学生,从丝丝入扣的题解过程中将会感受到心有灵犀的亲和力,优秀的尖子生更会体会到数学思维的特有魅力.功力深厚的老教师会有"所见略同"之感,经验稍逊的青年教师也必将从中获取教益.

本书不同于一般罗列解答过程的题解手册,值得关注的是"解法研究及点拨评析",字里行间看不到刻意说教的呆板面孔,更没有忽忽悠悠的虎皮大旗.点拨评析中影现着教师们的拳拳之心、融融爱意、心平气和、循循善诱,语重吐真情,心长蓄厚谊.

我们的目的是规劝众生:脚踏实地,回归课本;认真反思,夯实双基.

天津市南开中学高级教师王世堃、邵德彪,一级教师张广民、程斌、康玥、刘四化、宋振寰,河西区教师进修学院吴杰夫教授,民族中学高级教师黄书聪,二十五中学高级教师陈文胜,四中特级教师蔡运安,宝坻一中高级教师马成友、张彪、李柱,河北区教师进修学校高级教师郑建、何秀岭,西青区一中高级教师李明,芦台一中高级教师张振山,六十三中年轻教师任擘,杭州市高级中学高级教师周顺钿、费红亮、王希年,江西省永丰中学高级教师黄海红等共同为全书近500道试题提供了新的解法,在此表示诚挚的谢意.

其中王世堃、邵德彪、周顺钿、吴杰夫、费红亮提供的新颖解法相继居多,功不可没!

全国著名特级教师王连笑、安振平、王墨森也为本书中的典型试题提供了优秀的解法.

天津市现代联合培训中心高考研究室主任、资深数学教师王成维、孙宏学与天津市育红中学特级教师刘勋、芦台一中特级教师冯克俭在审读并补充题解的同时,为众多试题解法中的关键步骤做出了20余万字的点拨评析,这正是本书独具之特色.

经过半年的努力,这本体现教师责任感的心血结晶终于付梓,虽错失商机,却心安理得.

作者

2008 年 12 月

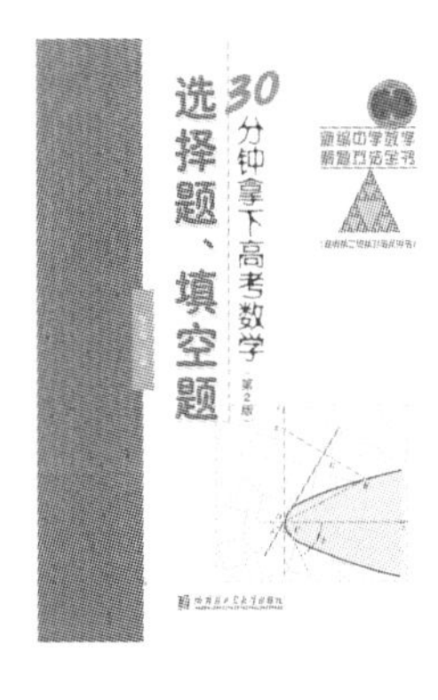

30分钟拿下高考数学
选择题、填空题

张永辉

内容简介

本书根据高考数学复习大纲(或考试说明)以及历年高考数学真题和模拟题,归纳总结出高考数学选择题、填空题的常考题型,并高度概括该题型的通解通法与特殊技巧,并从题库中遴选出最能代表该题型的试题.本书不仅可以提高同学们分析和解决问题的能力,同时还可以提高同学们洞察题型变异的能力.

本书适合高中师生参考使用.

前言

高考数学选择题、填空题在全国卷和各省市自主命题的试卷中所占分数的比重是比较大的(46.7%),在短时间(30～45分钟)内准确无误地解答这两类题是数学考高分的关键.

为了帮助同学们赢得时间,取得考试成功,我们编写了至今市面上还没有的这样一本辅导书,相信本书对开拓思路、启迪思维、提高应试技巧等诸方面,将起到良师益友的作用.

本书特点:

(1)介绍了我们在长期教学、高考辅导中归纳、总结出的解选择题、填空题的五种方法和技巧.

(2) 根据高考数学复习大纲(或考试说明) 以及历年高考数学真题和模拟题,归纳总结出高考数学选择题、填空题的常考题型,并高度概括该题型的通解通法与特殊技巧. 在例题的选取上我们反复琢磨,从题库中遴选出最能代表该题型的试题. 例题的解答有四部分:分析,解析,评注,变式. 目的在于:不仅提高同学们分析和解决问题的能力,同时还使他们初步学会洞察题型变异的能力. 变式试题,不是简单地修改题目的已知条件,而是从本质上探究试题内在的联系,达到举一反三,触类旁通的效果.

(3) 我们精心研发了 20 套选择、填空题的限时训练,能够让考生最大限度地训练并提高做选择题、填空题的能力.

书中的不足之处,恳请数学同仁及广大考生指正.

张永辉
2012 年 7 月

我一直认为,数学永远是最难的一科. 高考成功一定要经过努力,但努力不一定就能成功,选择永远比努力更重要. 从最新数学高考的命题特点来看,试题明显从过去单纯地强调简单的观察能力和特殊技巧,转变为现在深刻地强调要把握数学问题的原理及解题的通法通性. 于是如何打造最好的高考数学书是时代赋予我们的使命.

笔者出版了多本高考数学专著,历经八载,与国内权威出版社合作,联合打造中国数学教辅研发第一品牌 ——“《洞穿高考》系列丛书”. 本丛书摒弃目前教辅图书粗制滥造的编写模式,每一个例题、变式题、巩固训练题都经过编者的精心研究,从备战高考的三个复习阶段入手,从不同角度给所有学生全程全方位的辅导. 笔者多年致力于高考数学教学与研究,通过对优秀考生的调查统计,发现大多数考生在复习中经历了一个:“发现自我,改造自我,突破自我” 的过程,即不知道自己做什么(全面复习)—— 知道自己做什么(重点突破)—— 知道自己不知道什么(冲刺高考)—— 全知道(决胜高考). 而我们寻求的正是一种应对考试的复习之道.

第一轮复习重点是"三基"训练,目标是全面、扎实、系统、灵活,即夯实基础,全面复习. 学生应该重点建构自己的知识体系,弄懂高考考什么,怎么考? 与第一轮复习配套的用书《新课标高考数学题型全归纳》,采用"题型 + 模型"的编写模式. 全书以 204 个题型为主线,总结了高考所有重要考点和题型的解题思路和科学有效的套路方法. 对于重要的题型,我们给出"分析",引导学生自己找到解题的突破口,还给出"评注"来升华解题方法,从而达到归纳解题方法的目的. 有些评注写得入木三分,直接揭示了高考题母题的来源. 书中的"模型"部分,更是将许多相关问题一网打尽,使考生能以不变应万变,达到"无招胜有招".

第二轮复习 —— 专题强化训练,目标在于提高学生解决高考解答题的能力,重点突破. 考生要集中练习高考的核心考点,不求面面俱到,但是一定要把重要考点各个击破,真正做到触类旁通、闻一知十. 与第二轮复习配套的用书:《洞穿高考数学解答题核心考点》《30 分钟拿下高考数学选择题、填空题》. 这两本辅导书从高考数学选择题、填空题与解答题的实战角度进行编写. 对于选择题、填空题,我们的目标是:30 分钟轻取 70 分. 本书通过方法篇、实战篇(题组训练与限时训练)的训练,能让考生在考场上高效地解答选择题、填空题;对于解答题:让考生"秒杀"高考解答题. 为了提高考生解决解答题的能力,我们从历年高考真题和众多模拟题中筛选核心考点,归纳总结出各种解题方法和技巧,达到口述解答题的从容境界.

经过两轮复习后,很多考生仍然感觉做题时心中没谱,那么,这就需要第三轮:模拟、强化. 这是第一、二轮复习的提升,不仅要检验各考点的掌握情况,更重要的是对知识的融会贯通、查漏补缺、答题技巧的训练乃至学生智能、情感、意志等调节. 因此我们悉心研发第三轮复习用书:《高考数学密押五套卷(含查缺补漏专练)》. 本书整合了全国各地权威数学名家的研究成果,研发出五套密押模拟试卷. 将最前沿的考试方向与命题趋势以试卷的形式呈现给大家,五套密押试题考点相互补充,形成整体,是一份临考前不可或缺的重要材料. 希望同学们在使用中一定要做到“卷做三遍,题后三思”.

总之,这三轮图书功能各异,但合起来又构成一个有机整体. 希望中国千万名高考考生通过使用这三本书,考进自己理想的大学,这是我们最开心、最幸福的事情. 这就是倾心为你打造的成功计划的三部曲. 按我们的计划,一步一个脚印,结果定在掌控中! 只要大家能从中得到启发,并肯定我们的成果,当然我们也会继续前进,“做最好的高考数学书” 是我们不变的信念,永恒的追求.

高考长路,拼搏依旧,温情依旧 —— 因为有我们相伴!

温家宝总理曾以诗明志. 今天,我们把这句诗转赠给紧张备考的高三学子,也送给辛勤教学、默默无闻、无私奉献的高中毕业班园丁们:

“华山再高,顶有过路”.

张永辉

2012 年 7 月

高考数学压轴题解题诀窍(上)

赵南平

内容提要

本书以高考数学压轴题为主,用巧妙的方法分析及解答压轴题,大大提高解压轴题的效率. 首先,对近七年高考数学压轴题题型进行分析和复习建议. 其次,从知识内容的角度分析高考数学压轴题中常见题型的解题诀窍. 包括圆锥曲线问题、导数及其应用问题、数列问题、不等式问题. 内容独特,题型全面,针对性强,是提高数学水平的理想用书.

本书适合于高中生和教师使用.

前　言

高考压轴题是人们对高考试卷中最后一道或倒数第二道试题的习惯称呼. 压轴题的特点是:综合性强、难度大、区分度高. 对于考生来说,这是考试过程中最后要冲刺的“顶峰”,若攻克了压轴题,就可以拿高分. 因此,顺利解答压轴题就成为考生高考成败的一个关键. 但编者发现,考生对压轴题的心理是既爱又恨,很想把它做出来但又担心做不来. 一些中下程度的考生索性选择了放弃. 那么,是不是这些题真的很难,解法很奇特? 实则不然. 本书编者对 2004—2010 年文科、理科各 125 套的高考数学试卷中的压轴题的题型作了分类,并对该题型出现的次数作了统计. 编者发现除一些创新题外,常规题型不管是理科还是文科,均相对集中于四个板块(圆锥曲线、导数及应用、数列和不等式)中,而且这些题型的解法基本上还是通性通法,编者总结归纳出了解这些题型的解题规律(这些题型在有的试卷中即使不出现在倒数第一、二道中,也会出现在倒数第三或第四道中,因此,掌握这些题型的解法十分重要)和创新题型. 为帮助考生克服畏难情绪,增强考试信心,提高解题能力,争取拿高分,特编写了本书,本书对创新题解法的归纳总结是本书的一大亮点,在其他书上很少见到. 编者相信,读者通过对本书的学习,会进一步了解高考压轴题考什么,怎样考. 一旦掌握了书中所介绍的解题规律,定会产生"高考压轴题也不那么难"的豪情,不再望题却步,一定能提高应考能力,取得高考好成绩.

一、本书特色

1. 选题准确:本书所选题型均是近几年在高考数学压轴题(理科、文科)中出现频率最高的题型,其覆盖面广.

2. 以"解题诀窍"为主线,旨在提高读者的解题能力:本书针对每个题型均总结出解这种题型的规律、方法和技巧,形成了各讲中的"解法指导",这是本书的精华所在. 编者以实用性、针对性和可操作性为原则,教读者怎样解题. 读者若掌握了这些解题规律,可以举一反三,触类旁通,解题能力将大大提高.

3. 例题典型:本书所选例题基本上都来自高考压轴题,其题型全面,极具典型性和代表性,例题的解答均以该新总结出的解题规律为指导. 为开拓思路,有的例题还有一题多解,读者可从中领会该题型的解题方法,丰富解题经验.

4. 对压轴题中各类创新题型的解法作了归纳总结,这是本书的一大亮点. 创新试题在高考中出现的频率已越来越高,而不少考生对这种试题感到茫然而无法下手. 编者相信,读者学习了本书的第三篇后,一定会破除对创新题的恐惧,大大提高解创新题的能力.

5. 针对性强:本书各讲除"解法指导"栏目外,均设置有

“走进考场”栏目. 编者从近几年高考压轴题中精选了一些有针对性的试题供读者练习,读者可通过练习检查自己对该题型解法的掌握程度.

二、本书使用说明

1. 文科考生在使用本书时重点关注文科试题(本书各题目均标出了该试题的出处和类别),理科考生除关注理科试题外,也可适当关注文科试题.

2. 本书的“走进考场”精选了与本讲内容有关的高考压轴题,读者可根据自己的能力选做其中的一些题目(不必全做,但本省出的试题最好都做),若解题时思路受阻,可再回头看看本讲的“解法指导”中所介绍的解题方法,看能否从中受到启发;若还不行,再看看后面的“解答”栏目.

3. 本书既可作为学生的教辅读物,也可供高三教师在总复习(第二轮)时参考.

本书编者对我国数学高考的考试特点、规律以及发展趋势作长期跟踪并潜心研究,编写本书时虽倾心尽力,但疏漏不妥之处在所难免,敬请数学同行和广大读者不吝指正.

愿此书伴随读者走进理想大学的校门!

编者　赵南平
2011年1月
于福州

高考数学压轴题解题诀窍(下)

赵南平

内容提要

本书是对高考数学压轴题中各种创新题型解法的总结与归纳,主要包括信息迁移型、结论开放探索型、条件开放探索型三种创新题型,以及其中的阅读理解问题、存在性问题、规律探究性问题、判断性问题、条件开放探索问题五类核心问题. 本书内容独特,针对性强,可以帮助考生不断地总结解创新题的经验,逐步提高解创新题的能力,从而提高考生的复习效率.

本书适合高中师生及数学爱好者参考使用.

编辑手记

2011 年 12 月 28 日,《科学时报》上发表了中国科学院院士严加安的新诗二首,从诗词的角度看水平实在不敢恭维,但是其中一首题为“珍藏的记忆” 中有几句还是挺让人向往的. 是这样写的:

常忆中学韶华时光,
华罗庚是心中偶像.
痴迷数学喜做难题,

试图破解化圆为方.

确实如果没有高考的压力的话,中学阶段应该是人一生之中最美好的时光.高考从最初的人才选拔演变成新八股.

早年从英国学海军归来的思想家严几道指出八股的三大罪状是:

“锢智慧,坏心术,滋游手.”

这些弊端现在已经有所显现,但是正如我们不能揪着自己的头发逃离地球一样,我们要对现实有所批判,但更要有所超越.正如只有功成名就的人才能视功名为粪土.一个已达到财务自由的人才能说“金钱不是万能的”一样.只有当我们成功地通过了高考,考入了理想中的大学后再发表对高考的批评才会不让人说有葡萄酸的感觉.正如只有毕业于清华大学西语系的资中筠才有资格批评说:

“现在的大学,特别是名牌大学,有点招天下英才而毁之,这是伤天害理的事情.”

如果是换作别人这样说就会有人讽刺说:你倒是想被招被毁,那需要资格的.所以我们一定要考好高考数学这张卷.而经验告诉我们,高考数学要想拿高分,压轴题必须答好.这就是我们请赵老师写这本书的目的之一.目的之二是我们想为那些农村考生、工人子弟及弱势群体的子弟提供一本有助于改变他们命运的辅导书.

笔者在一本杂志中看到这样一句话:

国家需要更快速地为这些劳动者打通上升的通道,让他们中间那些真诚去努力和奋斗的人,可以改变自己的命运,活得更有奔头,更有尊严.

在某种程度上,他们的命运就是这个国家的命运,他们的尊严也是这个国家的尊严.

对于农村考生来讲,高考是他们唯一的上升通道,借此机会祝他们成功!

刘培杰
2012年2月14日
于哈工大

向量法巧解数学高考题

赵南平

内容简介

本书除系统介绍了平面向量和空间向量的基础知识(有的内容还作了拓展)外,还介绍了向量知识与代数、三角函数、解析几何知识的交汇,并全面介绍了向量在代数、三角函数、平面几何、立体几何、解析几何、物理等方面的应用,尤其是重点介绍了向量在立体几何、解析几何中的应用,内容独特、题型全面、针对性强,适合高中生和教师阅读.

前 言

伴随着物理学的发展应运而生的向量,已进入中学数学教学内容.用向量方法解决立体几何和解析几何中的有关问题、向量知识与三角函数解析几何等知识的交汇已成为近几年高考数学中的热门考点,越来越成为高考考查考生数学思维能力和分析问题、解决问题能力的一个重要方面.

由于向量集数与形于一身,既有代数的抽象性,又有几何的直观性,使它成为中学数学知识网络的一个交汇点,成为联系众多数学知识的媒介.利用向量可以解决代数、三角函数、平面几何、立体几何、解析几何中的有关问题,而且向量知识在物理和工程技术等方面也有很大的应用价值. 因此,在高中阶段能学会用向量方法处理数学及其他学科的有关问题,无疑有利于学生的进一步深造和直接参与实际工作. 同学们应树立起利用向量方法解决问题的意识.

运用向量方法处理立体几何问题显得特别有效,它将对空间想象力和逻辑思维能力有较高要求的问题划归为简单的向量运算,大大降低了难度,增强了可操作性,为学生增添了一种理想的代数工具. 因此,掌握这种方法对学生解立体几何问题显得尤为重要和实用.

一、本书的独特之处

1. 内容系统、全面、独特. 本书除系统介绍平面向量和空间向量的基础知识(有的内容还作了拓展)外,还介绍了向量知识与代数、三角函数、解析几何知识的交汇,并全面介绍了向量在代数、三角函数、平面几何、立体几何、解析几何、物理等方面的应用,尤其是重点介绍了向量在立体几何、解析几何中的应用,内容独特,分门别类专门论述,这在其他有关向量的教辅书(更不用说高考复习资料了)中是极为少见的.

2. 以“解法指导”为主线. 旨在提高读者的解题能力和高考应试能力,某数学大师说得好:“掌握一种解题方法比解一百道题更重要.”本书针对各种题型均总结出了解这种题型的方法、规律和技巧(有的是编者的教研成果,独特的解题方法会令读者有耳目一新的感觉),这是本书的精华所在,其他同类教辅书和高考复习资料极少这样处理,独特的解题方法也极少出现. 编者以实用性、针对性和可操作性为原则,教读者怎样解题,读者若掌握了这些解题规律和方法,可以举一反三,触类旁通,解题能力将大大提高.

3. 例题类型、题型全面. 本书所选例题大多来自高考试题,其题型全面,极具典型性和代表性,例题的解答均以本章节所总结出的解题方法和规律为指导,体现通性通法,读者可从中体会该题型的解题方法,丰富解题经验.

4. 针对性强,本书各章节除“解法指导”栏目外,还设置有“走进考场”栏目,编者将近几年高考试题中的相关问题集中到一起提供给读者练习,希望读者尽早接触高考试题.读者可通过相应的练习检查自己对该题型解题方法的掌握程度.

二、本书使用说明

1.读者可根据自己的实际情况选做"走进考场"中的练习题(本省出的试题最好全做),若解题时思路受阻,可先回头看看本章节的"解法指导"中所介绍的解题方法,看能否从中受到启发;若还不行,再看看后面的"答案与提示"栏目.

2.本书可作为高中一年级学生学习《数学必修(4)》和高中二年级理科学生学习《数学选修 2 - 1》时的教辅读物,更可作为高中三年级学生总复习学习《平面向量》和《空间向量》时的参考读物,也可作为教师的教学参考资料.编者相信,书中所总结出的解题方法对读者提高解题能力一定会有所帮助,因而本书不仅是广大学生的良师益友,也是教师的得力帮手.

本书编者对向量法解题情有独钟,并做了潜心研究,除对高考试题作研究外,还参阅了大量的数学资料,从中吸收了许多有用的东西.编者虽倾心尽力,但疏漏不妥之处在所难免,敬请广大读者和数学同行不吝指正.

愿此书伴随考生走进理想大学的校门!

赵南平
2009 年 3 月
于福州

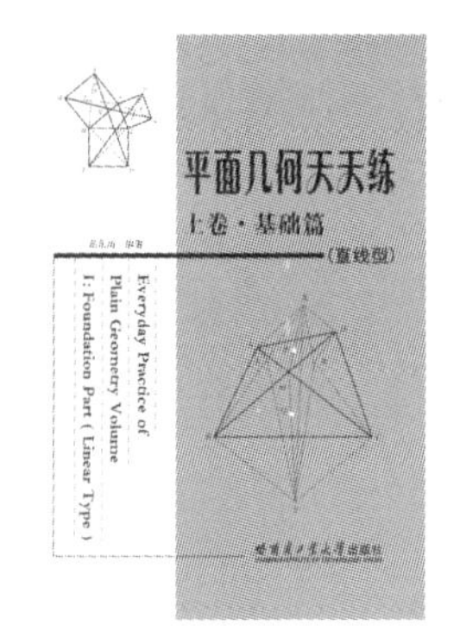

平面几何天天练
(上卷·基础篇)

田永海

内容提要

平面几何是一门具有特殊魅力的学科,主要是训练人的理性思维的.本书以天天练为题,在每天的练习中,突出重点,使学生在练习中学会并吃透平面几何知识.

本书适合初、高中师生学习参考,以及专业人员研究、使用和收藏.

前　言

数学是思维的体操,几何是思维的艺术体操.平面几何,几乎所有的常人都熟悉的名词,它始终是初中教育的重要内容.

几何主要是训练人的理性思维的.几何学得好的人,表现是言之有理,持之有据,办事顺理成章.

平面几何是一门具有特殊魅力的学科,从许多数学家成才的道路来看,平面几何往往起着重要的启蒙作用.

大科学家爱因斯坦唯独在学习平面几何时,感到十分地惊讶和欣喜,认为在这杂乱无章的世界里,竟然还存在着这样结构严密而又十分完美的体系,从而引发了他对宇宙间的体系研究.他曾经赞叹欧几里得几何“使人类理智获得了为取得以后的成就所必需的信心".

我国老一辈著名数学家苏步青从小就对几何学习产生了浓厚的兴趣，不管寒冬酷暑，霜晨晓月，他都用心看书、解题. 为了证明"三角形三内角之和等于两直角"这一定理，他用了 20 种方法，写成了一篇论文，送到省里展览，这年他才 15 岁. 后来终于成为世界著名的几何大家.

杨乐院士到了初二，数学开了平面几何. 几何严密的逻辑推理对他的思维训练起了积极的作用，引起他对数学学习的极大兴趣，老师布置的课外作业，他基本上在课内就能完成，课外驰骋在数学天地里，看数学课外读物，做各种数学题，为后来攀登数学高峰奠定了基础.

还有科学家说得更直接："自己能在科学领域里射中鸿鹄，完全得益于在中学里学几何时对思维的严格训练."

平面几何造就了大量的数学家！

社会的发展需要创新型人才，一题多解是创新型人才的必由之路.

国家教育部 2001 年 7 月颁布的《全日制义务教育数学课程标准(实验稿)》将平面几何部分的内容做了大量的删减，从内容上看，要求是降低的，从能力上看，要求是更高的. 新课程要求初中数学少一些学科本位、少一些系统性，要求学生有更多的思考、更多的实践和更高的创新意识.

应试教育强调会做题、得高分，总是满足于"会"，新课程更强调创新，不仅仅满足于"会". 在"会"的基础上，还要再思考，还要再想一想，还有别的什么解法吗？当你改变一下方向，调整一下思路，你常常会发现：哇，崭新的解法更简捷、更漂亮！

为了帮助广大师生走进平面几何，习惯一题多解，我们编撰了这套《平面几何天天练》.

《平面几何天天练》既适合初、高中师生学习参考，也适合专业人员研究、使用和收藏.

为了提高本书的广泛适用性，我们注意把握由浅入深的原则，特别是在基础篇每一版块的开始，都编入较多比较简单(层次较低，甚至是一目了然)的问题，即使是初学者，本书也有相当多的内容可以读懂、可以参考，具有很强的基础性、启发性、

引导性,便于初学者入门使用;

为了满足广大数学爱好者(高年级学生、学有余力)系统提高的需求,在提高篇我们广泛收集了历年来自国内、外中学生数学竞赛使用过的一些问题,具有综合性、灵活性、开创性;

为了保证本书的权威性,我们大量编入传统的名题、成题,特别是对于一些"古老的难题"我们尽量做到"传统的精华不丢弃,罕见的创新再开发",使本书具有较高的收藏价值;

对于一些引人注目的题目,我们在解答之后还列出"题目出处",会给专业人员的进一步深入研究带来方便,这是本书的诱人的特色之一;

使用图标的方法给出全书的目录,可以说是数学书籍的首创.它不仅使全书366天的内容一目了然,也是直观的内容索引,为使用者提供了极大的方便.见到图形就知道题目的内容,这是广大数学爱好者,特别是数学教师的专业敏感.

我们这套《平面几何天天练》是在《初中平面几何关键题一题多解214例》一书的基础上编撰完成的.《初中平面几何关键题一题多解214例》一书出版于1998年,此后这十几年来,我们一直没有停止对平面几何一题多解的再研究,我们始终关注国内、外中学数学教育信息,每年订阅中学数学期刊二十多种,跟踪研究了数千册新出版的中学数学期刊,搜集了大量丰富的材料,并对《初中平面几何关键题一题多解214例》再审视、再修改,删去少量糟粕,新增大量精华,整理、编辑了这套《平面几何天天练》.故此,在科学性、前瞻性、创新性等方面都是有十分把握的!

我在教学与研究岗位工作的40年,是对平面几何研究的40年,《平面几何天天练》是我40年的研究成果与积累.在我退休、离开教学研究岗位的时候,田阿芳、逄路平两位同志极力倡导、勤奋工作,我们三个人共同把它整理出来,奉献给广大数学爱好者,奉献给社会,算是我们对平面几何的一份贡献吧!我们相信更多的平面几何爱好者独树一帜,我们期盼热心的一题多解参与者硕果累累!

由于时间仓促,特别是水平有限,书中的纰漏与不足在所难免,欢迎热心的朋友批评指正.

本书参阅了《数学通报》《数学教学》《中等数学》《中学生数学》等大量中、小学数学教学期刊,在此对有关期刊、作者一并表示感谢.

田永海
2011年4月